注册消防工程师资格考试辅导用书

2018年版

消防安全案例分析

考前冲刺

主　　编　刘双跃
副 主 编　韩中华
参编人员　（按姓氏笔画排序）
田晴晴　史　昕　刘小芬　刘天琪
刘俊林　张　杰　胡　欢　赵国程

中国劳动社会保障出版社

图书在版编目（CIP）数据

消防安全案例分析考前冲刺：2018年版/刘双跃主编．--北京：中国劳动社会保障出版社，2018

注册消防工程师资格考试辅导用书

ISBN 978-7-5167-3662-3

Ⅰ.①消…　Ⅱ.①刘…　Ⅲ.①消防－安全技术－案例－资格考试－自学参考资料　Ⅳ.①TU998.1

中国版本图书馆CIP数据核字（2018）第171796号

中国劳动社会保障出版社出版发行

（北京市惠新东街1号　邮政编码：100029）

*

保定市中画美凯印刷有限公司印刷装订　　新华书店经销

787毫米×1092毫米　16开本　12.25印张　305千字

2018年7月第1版　　2018年9月第3次印刷

定价：40.00元

营销中心电话：（010）64962347

中国人事考试图书网网址：http://rsks.class.com.cn

前　言

为满足应试人员全方位备考需求，准确理解注册消防工程师资格考试大纲和2018年版教材，更好地开展复习备考，我们特邀长期从事实践工作和教学研究的专家，对考试大纲和2018年版教材进行深入分析，对历年考试情况进行了系统梳理，结合知识点重要程度，组织编写了“注册消防工程师资格考试辅导用书”，包括模拟测试和考前冲刺两个系列。

模拟测试系列丛书，由贴近考试要求、考试题型和考试难度的模拟测试题组成，力求全面、真实地体现考试重点和考试难点，帮助应试人员进行考前测试，检验学习效果。书中还提供了模拟测试题参考答案及解析。

考前冲刺系列丛书，结合2018年版教材和标准规范内容，总结考试规律，对考点进行了全面梳理，以各章主要考点形式呈现，以便应试人员有的放矢，在有限时间内有效提高备考能力。为便于自我测评，图书最后附有一套模拟测试题，帮助应试人员进行考前冲刺。

需要特别说明的是，本套辅导用书的内容如有与现行国家消防技术标准规范不一致之处，应以国家的消防技术标准规范为准。

由于编者水平所限，加之时间仓促，书中难免存在不足，希望读者批评指正。有关意见建议，请发至邮箱 xfszgks@126.com。

目　录

第一部分　备考攻略

第二部分　考点汇集

第三部分　模考实战

第一部分　备考攻略

一、复习方法

结合注册消防工程师资格考试的特点，在吸收各种学习方法理论基本观点的基础之上，特向应试人员推荐下列三大学习方法。

（一）正向学习

正向学习是指从教材阅读开始，经过对知识点的梳理和记忆，再进行习题练习，最后参加考试的过程。这样的学习过程，适合时间较充裕且能自由支配复习时间的应试人员，同时也要求应试人员具备良好的自控和自学能力。正向学习的优点是基础扎实、记忆深刻，通常能取得较好的考试成绩。

采取正向学习要注意以下几点。

1. 学习目标层次化

在具备足够备考时间的情况下，既要确定学习目标，又要将学习目标划分为不同的层次。正向学习首先要明确学习目标，了解某个知识点在知识结构（网）中的位置，在复习时着重从宏观中把握微观，注重知识点的联系。更重要的是明确知识点的难易程度，应该掌握的层次要求，即认知、理解、应用、分析、综合、评价等不同层次，从中找到或明确学习的重要目标，即知识重点。

明确学习目标并划分好层次是正向学习的先决条件。其核心问题是必须形成自我测验、自我矫正、自我补救的自我约束习惯。通常来讲，每学习完一章后，就要对应着学习目标寻找一些检测性习题，对自己进行检测，并及时地反馈评价，及时矫正和补救。

2. 归纳思维记忆化

在正向学习中的另一个关键问题就是知识点的梳理。在学习教材的同时，通过运用归纳思维，寻找到相关的知识点，形成对知识的特点、核心、性质的认知、理解与运用。在学习教材的基础上认真深入地进行思考，把学习与思考结合起来。归纳学习要善于归纳事物的特点、性质，甚至对消防技术标准规范中语句、段落、前提条件、应用场景等都要精准把握；同时，以归纳为基础，搜索相同、相近、相反的知识，把它们放在一起进行识记与理解，以达到更快地理解、掌握、记忆的效果。

（二）反向学习

反向学习是指从做题开始，在做题过程中梳理和记忆知识点，再查阅教材和消防技术标准等，最后参加考试的过程。这样的学习过程，适合于可支配自由时间较少的应试人员，充分实现碎片化学习。

选择反向学习要注意以下几点。

1. 问题学习主动性

带着问题去看书，有利于集中注意力，使目的更明确。

反向学习要求一边做题，一边梳理知识点和问题，对于不好理解的知识点和问题，还要去教材或标准规范中寻找甚解和答案，思考和集中注意力去解决问题是反向学习的核心和关键。最终，应试人员在复习备考时解决问题的过程就是应试人员进步、获取知识的过程。

2. 矛盾学习对比性

矛盾的观点是采用对比学习的哲学依据，要分析对比不同知识点是否具有相同、相近或相反的属性。在消防专业知识中，存在着许多可对比的内容，例如，建筑分类、危险性分类、消防设施等。对比学习的最大优点在于：①对比记忆可以减轻应试人员记忆负担，相同的时间内可识记更多的内容；②对比学习有利于区别易混淆的概念、原理，加深对知识的理解；③对比学习要求应试人员把知识按不同的特点进行归类，形成容易检索的程序知识，有利于知识的再现与提取，也有利于知识的灵活运用。

（三）模块学习

所谓模块学习，就是跨教材的学习。注册消防工程师资格考试中的建筑防火和消防设施两大方面更适合于模块学习。即将《消防安全技术实务（2018 年版）》第二篇建筑防火，第四篇其他建筑、场所防火，《消防安全技术综合能力（2018 年版）》第二篇建筑防火检查，与《消防安全案例分析（2018 年版）》第一篇建筑防火案例分析组合在一起构成“建筑防火”模块，将《消防安全技术实务（2018 年版）》第三篇建筑消防设施，《消防安全技术综合能力（2018 年版）》第三篇消防设施安装、检验与维护管理，与《消防安全案例分析（2018 年版）》第二篇消防设施应用案例分析组合在一起构成“消防设施”模块。对于上述的两个模块，鉴于它们之间存在着相同的知识基础和知识点，可以进行跨教材的学习。在模块学习过程中，要注意以下几点。

1. 具体学习关联性

消防安全技术实务、消防安全技术综合能力和消防安全案例分析中的知识点之间存在着一定的联系，应试人员把联系的观点运用到学习当中，会有助于对消防专业知识的理解，起到事半功倍的效果。联系学习要求自觉地发挥主观能动性，从而有目的地去探索和寻找模块内部之间共同的知识点及内在联系。

对消防知识掌握的广度与深度直接影响到建立知识点间联系数量的多少，应试人员可以通过辩证思维，通过阅读教材、查阅法规、做题训练构建新知识点的联系，并使之储存在应试人员的大脑之中，使应试人员知识结构（网）日益扩大，知识点日益增多，把抽象的知识具体化，克服定势思维，同时形成联想记忆。

2. 循序渐进持续性

应试人员在备考学习中第一个误区就是一心求快，不考虑自己的水平，拿到书就看，去记忆那些不理解又不懂的防火间距、耐火等级，以及疏散人数规定的枯燥数据；拿到练习题就做，不求甚解地大量“刷题”。应试人员在备考学习中第二个误区是认为只要肯花时间，多看书、多做练习，考试成绩必然提高。其实不尽然。虽然量变的必然结果是质变，但并不能说任何量变都会引起质变。在现实生活中，有的应试人员花的时间不多、练习量不大为何得分率能明显提高呢？这就是一个效率问题，不能盲目地投入精力，需要做到循序渐进。最好的方法是采取多遍循环深入的方式来学习，即“先结构，后体系，再到内容细节”。

注册消防工程师资格考试的学习也是一个“先懂，后记，再应用”的过程，如果只是大量地死记教材或规范中枯燥的数据及公式，离开了应用场景将无法完成消防工程的计算题目。应试人员要针对自己的实际情况，采取正确的学习方法，按照循序渐进方式一点一滴来备考注册消防工程师资格考试。

上述三种备考学习方式，也可以在不同的学习阶段混合应用，应试人员根据自己的实际情况正确选择。随着计算机网络和社交媒体的应用，各种“合作学习群”也是值得提倡的。合作学习有 5 个不可缺少的要素：①互相信赖，是指应试人员知道他们不仅要为自己的学习负责，而且要为其所在小组的其他同学的学习负责。②面对面的促进性相互作用。③个人责任，是指每个应试人员都必须承担一定的学习任务。④社交与表达技能。⑤学习小组自加工，小组必须定期地评价共同活动的情况，保持小组活动的有效性，持续改进提高。

同水平差不多的人一起学习，就有了一个学习伙伴，更何况每位应试人员都有自己的长处；同水平高于你的人一起学习，他就是你的老师，你自然可以学得许多东西；同水平低于你的人一起学习，你是他的老师，也就是“教学相长”，同样可以学到许多东西。合作学习有利于增进备考的技能、技巧与策略，学会有效地表达所学的知识。

二、重点内容

（一）考试大纲

《注册消防工程师资格考试大纲》（以下简称《大纲》）是注册消防工程师资格考试的国家标准，是考试命题的依据，是应试人员的必备指南，其内容和范围体现了注册消防工程师运用所学消防专业知识和技术，完成消防专业技术工作的基本能力。作为参加注册消防工程师资格考试的应试人员有必要对《大纲》中的考试目的、考试内容及要求和考试样题进行深入了解，以做好考前的准备工作。

1. 考试目的

《消防安全案例分析》科目的考试目的是考查消防专业技术人员根据消防法律法规和消防技术标准规范，运用《消防安全技术实务》和《消防安全技术综合能力》科目涉及的理论知识及专业技术，在实际应用时体现的综合分析能力和实际执业能力。

2. 考试内容及要求

《消防安全案例分析》科目的考试内容和要求参照《消防安全技术实务》和《消防安全技术综合能力》两个科目的考试大纲，考试试题的模式参见考试样题。

面对《消防安全案例分析》考试中的主观题需要应试人员进行默写式的答题，应对相关知识深入理解、熟悉和熟记。

（二）考点分布

通过对近三年的试题分析，《消防安全案例分析》科目的考试题目主要集中在建筑防火案例分析、消防设施应用案例分析、消防安全案例管理三个方面。试题分布情况见表1—1。

表1—1　《消防安全案例分析》试题按篇分布统计

考试年份	2015年			2016年			2017年		
统计项目	总题量	客观题	主观题	总题量	客观题	主观题	总题量	客观题	主观题
第一篇　建筑防火案例分析	11	0	11	13	0	13	12	0	12
第二篇　消防设施应用案例分析	15	0	15	22	9	13	22	9	13
第三篇　消防安全管理案例分析	4	0	4	8	8	0	10	10	0
合计	30	0	30	43	17	26	44	19	25

1. 建筑防火案例分析

第一篇建筑防火案例分析各年所占比值：2015 年占比为 36.7%；2016 年占比为客观题 0，主观题 50%；2017 年占比为客观题 0，主观题 48%。各章试题分布情况见表 1—2。

表 1—2　第一篇建筑防火案例分析按章分布统计

考试年份	2015 年			2016 年			2017 年		
统计项目	总题量	客观题	主观题	总题量	客观题	主观题	总题量	客观题	主观题
第一篇　建筑防火案例分析	11	0	11	13	0	13	12	0	12
第一章　厂房案例分析	6	0	6	7	0	7	0	0	0
第二章　仓库案例分析	0	0	0	0	0	0	6	0	6
第三章　民用建筑案例分析	5	0	5	6	0	6	6	0	6
第四章　储罐案例分析	0	0	0	0	0	0	0	0	0
第五章　汽车库、修车库、停车场案例分析	0	0	0	0	0	0	0	0	0
第六章　人民防空工程案例分析	0	0	0	0	0	0	0	0	0

2. 消防设施应用案例分析

第二篇消防设施应用案例分析各年所占比值：2015 年占比为 50%；2016 年占比为客观题 52.9%，主观题 50%；2017 年占比为客观题 47.4%，主观题 52%。各章试题分布情况见表 1—3。

表 1—3　第二篇消防设施应用案例分析按章分布统计

考试年份	2015 年			2016 年			2017 年		
统计项目	总题量	客观题	主观题	总题量	客观题	主观题	总题量	客观题	主观题
第二篇　消防设施应用案例分析	15	0	15	22	9	13	22	9	13
第一章　消防设施管理	0	0	0	0	0	0	0	0	0

续表

考试年份	2015年			2016年			2017年		
统计项目	总题量	客观题	主观题	总题量	客观题	主观题	总题量	客观题	主观题
第二章 消防给水及消火栓系统	4	0	4	12	9	3	11	8	3
第三章 自动喷水灭火系统	3	0	3	6	0	6	4	0	4
第四章 泡沫灭火系统	0	0	0	0	0	0	0	0	0
第五章 气体灭火系统	4	0	4	2	0	2	2	0	2
第六章 火灾自动报警系统	3	0	3	0	0	0	4	1	3
第七章 防烟排烟系统	0	0	0	1	0	1	0	0	0
第八章 消防应急照明和疏散指示系统	0	0	0	0	0	0	0	0	0
第九章 建筑灭火器配置	1	0	1	0	0	0	0	0	0
第十章 消防供配电	0	0	0	1	0	1	1	0	1

3. 消防安全管理案例分析

第三篇消防安全管理案例分析各年所占比值：2015年占比为1.3%；2016年占比为客观题47.1%，主观题0；2017年占比为客观题52.6%，主观题0。各章试题分布情况见表1—4。

表 1—4　第三篇消防安全管理案例分析按章分布统计

考试年份	2015 年			2016 年			2017 年		
统计项目	总题量	客观题	主观题	总题量	客观题	主观题	总题量	客观题	主观题
第三篇　消防安全管理案例分析	4	0	4	8	8	0	10	10	0
第一章　社会单位消防安全管理	2	0	2	6	6	0	10	10	0
第二章　应急预案编制与演练	0	0	0	2	2	0	0	0	0
第三章　施工现场消防安全管理	2	0	2	0	0	0	0	0	0

（三）重点概述

《消防安全案例分析（2018 年版）》辅导教材的内容分为：第一篇建筑防火案例分析，第二篇消防设施应用案例分析，第三篇消防安全评估案例分析，第四篇消防安全管理案例分析，第五篇火灾案例分析。根据 2015 年、2016 年、2017 年三年的考试情况分析，第三篇消防安全评估案例分析和第五篇火灾案例分析未在《消防安全案例分析》科目的考试中出现试题，故本书只总结和归纳其他三篇的考点，并重新编号。

1. 建筑防火案例分析

建筑防火案例分析中主要涉及厂房、仓库等工业建筑防火的相关知识。对于厂房、仓库等工业建筑防火案例，在理解题目中情景描述之后，主要以厂房仓库生产或储存物品的种类数量、厂房仓库火灾危险性分类（甲、乙、丙、丁、戊类）、耐火等级为依据，从建筑物层数、防火分区的最大允许面积、厂房仓库内设置办公室（休息室）的要求、中间仓库布置的要求、防火间距、消防车道的布置、构造防火（防火门、墙体、楼板等的耐火极限）、安全疏散设施（安全出口、楼梯间、疏散走道的形式、位置、宽度、距离）等知识点考虑问题的答案。

建筑防火案例分析还涉及民用建筑防火相关知识。对于民用建筑防火案例，在理解题目中的情景描述之后，主要以建筑物的功能（住宅、人员密集场所、老年人和儿童场所、歌舞游戏娱乐放映场所等）、建筑物的分类（单多层、一类高层、二类高层）为依据，从耐火等级、防火分区的最大允许面积、防烟分区的最大允许面积、建筑物平面布置的要求、防火间距、消防车道的布置、消防登高面和登高操作场地的设置要求、构造防火（防火门、墙体、楼板等的耐火极限）、安全疏散设施（安全出口、楼梯间、疏散走道等的形式、位置、宽度、距离）、室内各部位的装修材料燃烧性能等级（A、B_1、B_2、B_3）的选取等知识点考虑问题的答案。建筑防火案例分析考试复习的重点内容以及本书汇集的考点如图 1—1 所示。

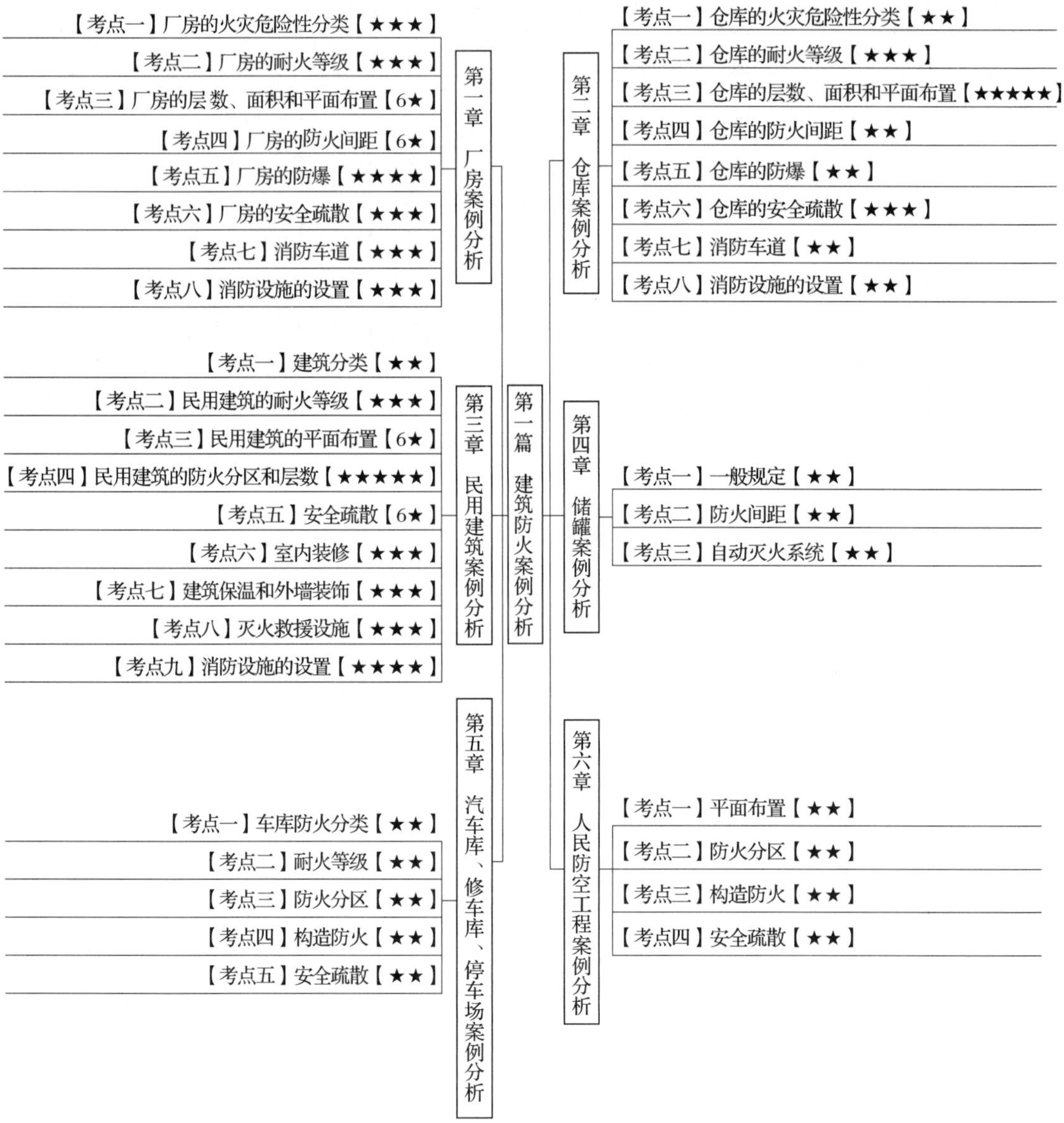

图1—1　第一篇建筑防火案例分析考点分布图

2. 消防设施应用案例分析

对于消防设施配置方面的案例，在理解题目中情景描述之后，以建筑物类型（工业建筑、民用建筑、单多层）、建筑物耐火等级为依据，从室内外消火栓给水系统、自动喷水灭火系统（根据使用场所的情况采用开式、闭式、干式、湿式、预作用、水幕等系统）、气体灭火系统、泡沫灭火系统、防烟排烟系统、火灾自动报警及联动系统、建筑灭火器、消防电梯、消防水泵、管道、消防水池、消防水箱、应急照明和疏散指示标志等方面根据标准规范要求考虑问题的答案。

对于消防设施检测与验收方面的案例，在理解题目中的情节描述之后，以各消防设施设置、功能要求为依据，主要从验收资料、系统安装质量和技术检测要求及检测办法、系统调试要求、功能性调试、联动调试、安装中常见的问题和错误、合格判定标准等知识点考虑问题的答案。

对于消防设施维护管理与保养方面的案例，在理解题目中情景描述之后，主要从各消防设施的日常巡查内容、巡查方法及要求、巡查周期、年度季度月度检查项目、年度检测项目及要求、系统常见故障的原因及处理方法等知识点考虑问题的答案。消防设施应用案例分析考试复习的重点内容以及本书汇集的考点如图 1—2 所示。

- 第二篇 消防设施应用安全分析
  - 第一章 消防设施管理
    - 【考点一】消防设施维护管理的要求【★★】
    - 【考点二】消防设施维护管理各环节工作要求【★★】
    - 【考点三】消防控制设备的监控要求【★★】
    - 【考点四】消防控制室台账档案内容【★★】
    - 【考点五】消防控制室的值班要求【★★】
    - 【考点六】消防控制室应急处置程序【★★】
    - 【考点七】消防控制室的控制、显示要求【★★】
  - 第二章 消防给水及消火栓系统
    - 【考点一】消防给水系统的构成与分类【★★】
    - 【考点二】消防水源的条件【★★★】
    - 【考点三】消防水池、高位消防水池的容积【★★★★★】
    - 【考点四】消防水箱的设置范围与要求【6★】
    - 【考点五】消防水池、消防水箱安装及检测验收【★★★★★】
    - 【考点六】消防水源的维护管理规定【★★】
    - 【考点七】消防水泵工作原理与吸水方式【★★】
    - 【考点八】消防泵的选用要求及规定【★★】
    - 【考点九】消防水泵安装前检查【★★】
    - 【考点十】消防水泵的安装操作要求【★★★★】
    - 【考点十一】消防水泵的检测验收要求【★★★★★】
    - 【考点十二】消防水泵控制柜的安装和检测验收【★★★★★】
    - 【考点十三】消防水泵维护管理规定【★★】
    - 【考点十四】消防管道的设置要求【★★★】
    - 【考点十五】室外消火栓系统的构成【★★】
    - 【考点十六】室外消火栓系统的设置范围【★★】
    - 【考点十七】室外消火栓系统工作原理【★★】
    - 【考点十八】室外消火栓的设置要求【★★★】
    - 【考点十九】室外消火栓安装前检查【★★】
    - 【考点二十】室外消火栓的施工安装要求【★★】
    - 【考点二十一】室外消火栓检测验收【★★★】
    - 【考点二十二】室外消火栓系统的维护管理【★★】
    - 【考点二十三】室内消火栓系统的构成【★★】
    - 【考点二十四】室内消火栓系统设置场所【★★★】
    - 【考点二十五】室内消火栓系统给水方式【★★】
    - 【考点二十六】室内消火栓系统设置要求【★★★】
    - 【考点二十七】室内消火栓系统安装前检查【★★】
    - 【考点二十八】室内消火栓的施工安装要求【★★】
    - 【考点二十九】室内消火栓的检测验收【★★★★】
    - 【考点三十】室内消火栓系统的维护管理【★★★】
  - 第三章 自动喷水灭火系统
    - 【考点一】自动喷水灭火系统的构成及分类【★★】
    - 【考点二】自动喷水灭火系统适用范围【★★】
    - 【考点三】火灾危险等级【★★】
    - 【考点四】自动喷水灭火系统组件设置要求【7★】
    - 【考点五】不同类型报警阀组工作原理与常见故障【7★】
    - 【考点六】自动喷水灭火系统组件安装检测要求【★★】
    - 【考点七】自动喷水灭火系统冲洗、试压要求【★★】
    - 【考点八】自动喷水灭火系统调试及功能性检测【★★★★】
    - 【考点九】自动喷水灭火系统维护管理【★★】
  - 第四章 泡沫灭火系统
    - 【考点一】泡沫灭火系统组成及工作原理【★★】
    - 【考点二】泡沫灭火系统的分类【★★】
    - 【考点三】低倍数泡沫灭火系统分类及适用范围【★★】
    - 【考点四】中倍数泡沫灭火系统分类及适用范围【★★】
    - 【考点五】高倍数泡沫灭火系统分类及适用范围【★★】
    - 【考点六】各类泡沫灭火系统适用范围【★★】
    - 【考点七】泡沫灭火系统选择基本要求【★★】
    - 【考点八】低倍数泡沫灭火系统设计要求【★★】
    - 【考点九】高倍与中倍数泡沫灭火系统设计要求【★★】
    - 【考点十】泡沫灭火系统组件现场检查要求【★★】
    - 【考点十一】泡沫灭火系统组件调试要求和检测方法【★★】
    - 【考点十二】泡沫灭火系统功能测试要求和检测方法【★★】
    - 【考点十三】泡沫灭火系统维护管理规定【★★】

- 第二篇 消防设施应用案例分析
  - 第五章 气体灭火系统
    - 【考点一】气体灭火系统灭火范围【★★】
    - 【考点二】气体灭火系统设置要求【★★★】
    - 【考点三】二氧化碳灭火系统的设计要求【★★】
    - 【考点四】气体灭火系统的分类与构成【★★★】
    - 【考点五】气体灭火系统灭火剂的安装要求【★★】
    - 【考点六】气体灭火系统灭火剂的调试要求【★★★】
    - 【考点七】气体灭火系统验收的内容及要求【★★★★★】
    - 【考点八】气体灭火系统维护管理【★★★★】
  - 第六章 火灾自动报警系统
    - 【考点一】火灾自动报警系统的构成【★★】
    - 【考点二】火灾探测器分类【★★】
    - 【考点三】火灾自动报警系统分类、适用及设置【★★★★】
    - 【考点四】自动喷水灭火系统的联动控制设计要求【★★】
    - 【考点五】消火栓系统联动与手动控制设计要求【★★】
    - 【考点六】防烟排烟系统的联动控制设计要求【★★】
    - 【考点七】防火门及防火卷帘系统联动控制设计要求【★★】
    - 【考点八】火灾自动报警系统布线要求【★★】
    - 【考点九】火灾自动报警系统工程质量检测判定标准【★★】
    - 【考点十】火灾自动报警系统维护管理规定【★★】
    - 【考点十一】可燃气体探测报警系统分类及适用场所【★★】
    - 【考点十二】可燃气体探测报警系统设计要求【★★★★★】
    - 【考点十三】电气火灾监控系统的分类及适用场所【★★】
    - 【考点十四】电气火灾监控系统设计要求【★★】
    - 【考点十五】消防控制室建筑防火设计要求【★★】
    - 【考点十六】消防控制室的功能要求【★★★★】
  - 第七章 防烟排烟系统
    - 【考点一】防烟排烟系统的设置【★★】
    - 【考点二】防烟排烟系统检测一般技术要求【★★】
    - 【考点三】防烟排烟系统组件消防检测技术要求【★★】
    - 【考点四】防烟排烟系统功能检测技术要求【★★】
    - 【考点五】防烟排烟系统检收的一般规定【★★】
    - 【考点六】防烟排烟系统工程验收的内容【★★】
    - 【考点七】防烟排烟系统工程质量验收判定条件【★★】
    - 【考点八】防烟排烟系统维护管理工作一般规定【★★】
    - 【考点九】防烟排烟系统维护管理的内容【★★★】
    - 【考点十】防烟排烟系统的维护管理【★★】
  - 第八章 消防应急照明和疏散指示系统
    - 【考点一】档案资料管理【★★】
    - 【考点二】日常检查【★★】
    - 【考点三】定期维护保养【★★】
    - 【考点四】系统与整机性能【★★】
  - 第九章 建筑灭火器配置
    - 【考点一】场所的火灾种类和危险等级【★★】
    - 【考点二】灭火器的选择【★★】
    - 【考点三】灭火器的设置【★★】
    - 【考点四】灭火器的配置【★★】
    - 【考点五】灭火器配置设计计算【★★】
    - 【考点六】进场检查【★★】
    - 【考点七】安装设置【★★】
    - 【考点八】配置验收【★★】
    - 【考点九】检查与维护【★★★】
  - 第十章 消防供配电
    - 【考点一】消防用电的负荷等级【★★】
    - 【考点二】消防负荷的电源设计【★★】
    - 【考点三】消防备用电源的设计【★★】
    - 【考点四】配电设计【★★★★】
    - 【考点五】电线电缆的选择【★★】

图 1—2 第二篇消防设施应用案例分析考点分布图

3. 消防安全管理案例分析

对于建设工程施工现场消防安全管理案例，在理解题目中情景描述之后，主要从临时用房燃烧性能、临时用房及在建筑物的防火间距、临时消防车道设置、临时消防救援场地的设置、临时用房的平面布置、宿舍办公用房的最大允许建筑面积、宿舍办公用房的安全疏散、临时消防给水系统、应急照明配置、灭火器配置、动火审批的管理、施工现场消防安全管理制度、施工现场员工消防安全教育培训和演练等知识点考虑问题的答案。

对于建筑物消防安全管理案例，在理解题目中情景描述之后，主要从重要火灾隐患的判定、火灾隐患整改、民用建筑疏散出口设置要求、民用建筑袋形走道长度、火灾自动报警系统和自动喷水灭火系统的设置、民用建筑室内消火栓的设置、民用建筑电梯前室的设置要求、消防供电的相关要求、多产权民用建筑消防安全管理归属的判定、消防安全制度、消防安全培训、灭火和应急疏散预案及演练、消防档案、消防检查与巡查、消防安全组织机构等知识点考虑问题解答。消防安全管理案例分析考试复习的重点内容以及本书汇集的考点如图 1—3 所示。

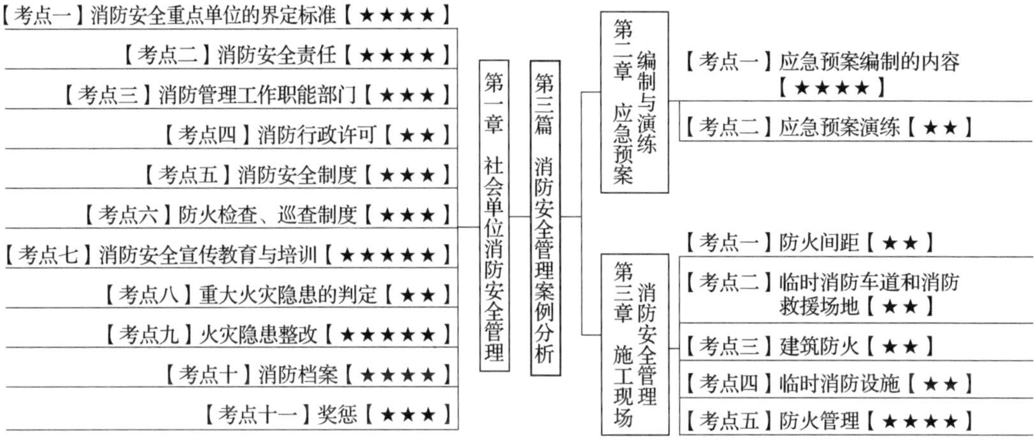

图 1—3　第三篇消防安全管理案例分析考点分布图

三、答题技巧

（一）应试型答题通则

了解和掌握常见的答题技巧和注意问题，并将其转化成自己的技能，有利于通过考试，为此请关注下列问题和注意事项。

1. 明确答卷要求

在考场上，监考人员会讲一些要求，例如怎样填写姓名、准考证号，怎样填写答案。有时监考人员还会对试卷做一些说明或要求，应试人员要听准，若有不明之处，应立即问清。千万不要拿到试卷就急于埋头做题，造成没按格式要求而错填、漏填或没按要求做错题等严重后果。

2. 通览试卷，考虑答题计划

接到试卷后，首先要看清楚试卷前面的说明和要求，随后冷静、迅速地认真通览一遍试卷。这样做的好处是：①接触每一道题，初步掌握题意，为正式审题解答打下基础。②能够了解整体分量，难易试题的比例和分布，做到心中有数。有些应试人员错以为通览试卷浪费时间，其实恰恰相反，这样才能预防错漏，少走弯路，合理利用时间，提高答卷效率。安排答题计划应考虑两个主要准则：一是自己对考试内容的熟知程度，二是不同考题分值的分布。安排好了准备用于每道题的时间后，就要按计划去做。

3. 审清题意，明确考点

审清题意就是要细心读题，推敲题意，掌握已知条件，看准未知条件；判断该题属于哪部分知识范围，明确解答该题需要哪些基础知识和技能技巧，联想与过去做过的习题有什么异同。认定了知识范围，就确定了它的性质；明确了所需要用的基础知识，就找到了解答的工具；区别了异同，就抓住了特点。

4. 依据题量和能力，科学安排时间

科学使用时间，是临场发挥的一项重要策略。科学安排时间的原则是，保证在能得分的地方决不丢分，不易得分的地方力争得分。应试人员心中要时刻意识到，每一道题要花费的时间一定要正确把握，如《消防安全案例分析》科目的第一题、第二题是客观题，全部都是多选题，每题 2 分，一般来讲，每道题的答题时间就 1 min 左右，当答题超过 1 min 后，就按照最大可能性选择正确答案，做好标记（留给最后，有时间再来思考吧）。千万不要前松后紧，到最后答不完卷子。

5. 留够时间，细心检查订正

考场上常见到以下这种情况：仓促解答，忽视复查审阅，做完就匆匆交卷。考试时间非常宝贵，每分每秒都要加倍珍惜。一般可将考试时间大体分为三段：第一段用 3 ~ 5 min 填写相关项目，通览试卷；第二段做题；第三段检查。

考试时间紧迫，心情急躁，答案往往有错漏，必须最后加以查缺补漏，订正差错。检查答卷，一要检查题目是否有遗漏，二要检查答案是否正确。要对照原题，看是否弄错了题意，是否抄错了字母、符号等。三要留出 2 ~ 5 min 的时间检查机读答题卡。每次考试中，都会有应试人员因答题卡填涂失误而丢分。考试最后几分钟，大家不要忘记检查答题卡，检查类型、科目、考号填涂是否正确；仔细核对答题卡所涂答案与试卷上的是否一一相符。检查是一场考试的最后时刻，容易精神紧张，特别需要沉着镇静、认真仔细。

（二）客观题答题技巧

《消防安全案例分析》科目中的客观题答题技巧与《消防安全技术实务》和《消防安全技术综合能力》两个科目很相似，但是《消防安全案例分析》科目的客观题是依赖案例材料情景出的，答对此题必须在案例材料的情景中找到相关的已知条件，即要完整地理解或掌握案例材料所介绍的内容，以及隐藏在其中的关键数据或给定条件，如建筑属性、耐火等级、防火间距、楼梯形式、疏散方式、防火分区、防烟排烟设施、自动报警系统、灭火系统等。需要应试人员认真阅读、仔细思考，才能正确选择答案。

《消防安全案例分析》科目中的客观题都是多项选择题，每题 2 分。多项选择题是比较难得分的，也很难得满分。所以应该以不丢分为原则，就是千万不能选错。做题时应当遵循如下三个原则：①先找错，根据题意“错选，本题不得分”，所以应集中精力首先将 5 个选项中错误可能性最大的选出。②别少选，根据题意“有 2 个或 2 个以上符合题意”，所以最少选择 2 个选项。③别多选，根据题意“漏选，所选的每个选项得 0.5 分”，所以在至少选择 2 个选项以后，按照把握性的大小开始选择，最多只能选择 4 个选项。（参考本书第三部分模考实战的参考答案与解析，将更有收获。）

（三）主观题答题技巧

在回答主观试题时，答题技巧可以让应试人员事半功倍。为使应试人员在考试中更好地发挥自己的实力，获得理想的分数，可以学习和掌握如下答题技巧。

1. 调理大脑思绪，提前进入考试科目情境

考前要摒弃杂念，排除干扰思绪，使大脑处于空白状态，创设考试科目情境，进而酝酿该科目思维，提前进入角色。通过清点用具、暗示重要知识和方法、提醒常见解题误区和自己易

出现的错误等，以转移自己对焦虑紧张情绪的关注，减轻压力，使思维单一化、学科化，确保自己以平稳自信、积极主动的心态进入考试。

集中注意力是考试成功的保证。一定的神经亢奋和紧张，能加速神经联系，有益于积极思维，要使注意力高度集中，思维异常积极，这叫内紧；但紧张程度过重，则会走向反面，形成怯场，产生焦虑，抑制思维，所以又要清醒愉快，放得开，这叫外松。做到内紧外松，集中注意力，消除焦虑怯场。

良好的开端是成功的一半，从考试的心理角度来说，这确实是很有道理的。拿到试题后，不要急于求成、立即下手解题，而应通览一遍整套试题，摸透题情，然后稳操一两个容易的或者熟悉的题目，让自己产生旗开得胜的快意，获得成功的体验，拥有一个良好的开端，以振奋精神、鼓舞信心，很快进入最佳思维状态，即发挥心理学所谓的门槛效应。之后做一题得一题，不断产生正激励，稳拿中低难度的题，伺机攻高难度的题。做到沉着应战，确保旗开得胜，以利振奋精神

2. 答题顺序是先易后难，巧攻难题

《消防安全案例分析》科目的主观试题一般为四道大题，每个大题中有 4 ~ 5 道小题。在统观全卷之后，会发现有些题目较为熟悉，甚至在备考时练习过。对于较容易的题目，应先做解答，以便集中精力攻克难题。这样才能合理利用时间，提高考试成绩，而不至因一两道难题耗去大部分时间，致使一些较浅易的试题由于时间仓促而答错，甚至有时还来不及解答。

刚一进考场，一般应试人员心情比较紧张，记忆、思维等方面都达不到最佳状态，待做过几道题之后，情绪就会逐渐稳定下来，智力活动恢复正常，这时再做较难的题就容易奏效。而且做完容易的小题，自信心也会增强。

3. 讲求规范书写，力争既对又全

卷面是影响评分的一个重要因素。因此，要保证做对、写全和规范。会而不对，令人惋惜；对而不全，得分不高；表述不规范、字迹不工整都会造成失分。

第二部分　考点汇集

第一篇 建筑防火案例分析

第一章　厂房案例分析

【考点一】厂房的火灾危险性分类【★★★】

《建筑设计防火规范》（GB 50016—2014）第 3.1.1 条规定，生产的火灾危险性应根据生产中使用或产生的物质性质及其数量等因素划分，可分为甲、乙、丙、丁、戊类，并应符合表 2—1—1—1 的规定。

表 2—1—1—1　生产的火灾危险性分类

生产的火灾危险性类别	使用或产生下列物质生产的火灾危险性特征
甲	1. 闪点小于 28℃的液体 2. 爆炸下限小于 10% 的气体 3. 常温下能自行分解或在空气中氧化能导致迅速自燃或爆炸的物质 4. 常温下受到水或空气中水蒸气的作用，能产生可燃气体并引起燃烧或爆炸的物质 5. 遇酸、受热、撞击、摩擦、催化以及遇有机物或硫黄等易燃的无机物，极易引起燃烧或爆炸的强氧化剂 6. 受撞击、摩擦或与氧化剂、有机物接触时能引起燃烧或爆炸的物质 7. 在密闭设备内操作温度不小于物质本身自燃点的生产
乙	1. 闪点不小于 28℃，但小于 60℃的液体 2. 爆炸下限不小于 10% 的气体 3. 不属于甲类的氧化剂 4. 不属于甲类的易燃固体 5. 助燃气体 6. 能与空气形成爆炸性混合物的浮游状态的粉尘、纤维、闪点不小于 60℃的液体雾滴
丙	1. 闪点不小于 60℃的液体 2. 可燃固体
丁	1. 对不燃烧物质进行加工，并在高温或熔化状态下经常产生强辐射热、火花或火焰的生产 2. 利用气体、液体、固体作为燃料或将气体、液体进行燃烧作其他用的各种生产 3. 常温下使用或加工难燃烧物质的生产
戊	常温下使用或加工不燃烧物质的生产

【考点二】厂房的耐火等级【★★★】

（一）厂房建筑构件的燃烧性能和耐火极限

《建筑设计防火规范》（GB 50016—2014）第 3.2.1 条规定，厂房和仓库的耐火等级可分为一、二、三、四级，相应建筑构件的燃烧性能和耐火极限，除本规范另有规定外，不应低于表 2—1—1—2 的规定。

表 2—1—1—2 不同耐火等级厂房和仓库建筑构件的燃烧性能和耐火极限 （单位：h）

构件名称		耐火等级			
		一级	二级	三级	四级
墙	防火墙	不燃性 3.00	不燃性 3.00	不燃性 3.00	不燃性 3.00
	承重墙	不燃性 3.00	不燃性 2.50	不燃性 2.00	难燃性 0.50
	楼梯间和前室的墙 电梯井的墙	不燃性 2.00	不燃性 2.00	不燃性 1.50	难燃性 0.50
	疏散走道两侧的隔墙	不燃性 1.00	不燃性 1.00	不燃性 0.5	难燃性 0.25
	非承重外墙 房间隔墙	不燃性 0.75	不燃性 0.50	难燃性 0.5	难燃性 0.25
柱		不燃性 3.00	不燃性 2.50	不燃性 2.00	难燃性 0.50
梁		不燃性 2.00	不燃性 1.50	不燃性 1.00	难燃性 0.50
楼板		不燃性 1.50	不燃性 1.00	不燃性 0.75	难燃性 0.50
屋顶承重构件		不燃性 1.50	不燃性 1.00	难燃性 0.5	可燃性
疏散楼梯		不燃性 1.50	不燃性 1.00	不燃性 0.75	可燃性
吊顶（包括吊顶搁栅）		不燃性 0.25	难燃性 0.25	难燃性 0.15	可燃性

注：二级耐火等级建筑内采用不燃材料的吊顶，其耐火极限不限。

（二）厂房的耐火等级

（1）高层厂房，甲、乙类厂房的耐火等级不应低于二级，建筑面积不大于 300 m^2 的独立甲、乙类单层厂房可采用三级耐火等级的建筑。

（2）单、多层丙类厂房和多层丁、戊类厂房的耐火等级不应低于三级。使用或产生丙类液体的厂房和有火花、赤热表面、明火的丁类厂房，其耐火等级均不应低于二级；当为建筑面积不大于 500 m^2 的单层丙类厂房或建筑面积不大于 1 000 m^2 的单层丁类厂房时，可采用三级耐火等级的建筑。

（3）使用或储存特殊贵重的机器、仪表、仪器等设备或物品的建筑，其耐火等级不应低于二级。

（4）锅炉房的耐火等级不应低于二级，当为燃煤锅炉房且锅炉的总蒸发量不大于 4 t/h 时，可采用三级耐火等级的建筑。

（5）油浸变压器室、高压配电装置室的耐火等级不应低于二级，其他防火设计应符合《火力发电厂与变电站设计防火规范》（GB 50229—2006）等标准的规定。

【考点三】厂房的层数、面积和平面布置【6 ★】

（一）厂房的层数和防火分区

《建筑设计防火规范》（GB 50016—2014）第 3.3.1 条规定，除本规范另有规定外，厂房的层数和每个防火分区的最大允许建筑面积应符合表 2—1—1—3 的规定。

表 2—1—1—3　　厂房的层数和每个防火分区的最大允许建筑面积

生产的火灾危险性类别	厂房的耐火等级	最多允许层数	每个防火分区的最大允许建筑面积（m^2）			
			单层厂房	多层厂房	高层厂房	地下或半地下厂房（包括地下或半地下室）
甲	一级 二级	宜采用单层	4 000 3 000	3 000 2 000	—	—
乙	一级 二级	不限 6	5 000 4 000	4 000 3 000	2 000 1 500	—
丙	一级 二级 三级	不限 不限 2	不限 8 000 3 000	6 000 4 000 2 000	3 000 2 000 —	500 500 —
丁	一、二级 三级 四级	不限 3 1	不限 4 000 1 000	不限 2 000 —	4 000 — —	1 000 — —
戊	一、二级 三级 四级	不限 3 1	不限 5 000 1 500	不限 3 000 —	6 000 — —	1 000 — —

注："—"表示不允许。

（二）厂房的平面布置

（1）甲、乙类生产场所（仓库）不应设置在地下或半地下。

（2）员工宿舍严禁设置在厂房内；办公室、休息室等不应设置在甲、乙类厂房内，确需贴邻本厂房时，其耐火等级不应低于二级，并应采用耐火极限不低于 3.00 h 的防爆墙与厂房分隔，且应设置独立的安全出口；办公室、休息室设置在丙类厂房内时，应采用耐火极限不低于 2.50 h 的防火隔墙和 1.00 h 的楼板与其他部位分隔，并应至少设置 1 个独立的安全出口。如隔墙上需开设相互连通的门时，应采用乙级防火门。

（3）厂房内设置中间仓库时，应符合下列规定：

1）甲、乙类中间仓库应靠外墙布置，其储量不宜超过 1 昼夜的需要量；

2）甲、乙、丙类中间仓库应采用防火墙和耐火极限不低于 1.50 h 的不燃性楼板与其他部位分隔；

3）丁、戊类中间仓库应采用耐火极限不低于 2.00 h 的防火隔墙和 1.00 h 的楼板与其他部位分隔；

4）仓库的耐火等级和面积应符合《建筑设计防火规范》（GB 50016—2014）第 3.3.2 条和第 3.3.3 条的规定。

（4）变、配电站不应设置在甲、乙类厂房内或贴邻，且不应设置在爆炸性气体、粉尘环境的危险区域内。供甲、乙类厂房专用的 10 kV 及以下的变、配电站，当采用无门、窗、洞口的防火墙分隔时，可一面贴邻，并应符合《爆炸危险环境电力装置设计规范》（GB 50058—2014）等标准的规定。乙类厂房的配电站确需在防火墙上开窗时，应采用甲级防火窗。

【考点四】厂房的防火间距【6★】

（1）除另有规定外，厂房之间及与乙、丙、丁、戊类仓库和民用建筑等的防火间距不应小于《建筑设计防火规范》（GB 50016—2014）表 3.4.1 的规定，与甲类仓库的防火间距应符合《建筑设计防火规范》（GB 50016—2014）第 3.5.1 条的规定。

（2）甲类厂房与重要公共建筑的防火间距不应小于 50 m，与明火或散发火花地点的防火间距不应小于 30 m。

（3）高层厂房与甲、乙、丙类液体储罐，可燃、助燃气体储罐，液化石油气储罐，可燃材料堆场（除煤和焦炭场外）的防火间距，应符合《建筑设计防火规范》（GB 50016—2014）第 4 章的规定，且不应小于 13 m。

【考点五】厂房的防爆【★★★★】

（1）有爆炸危险的厂房或厂房内有爆炸危险的部位应设置泄压设施。

（2）厂房的泄压面积宜按式 2—1—1—1 计算，但当厂房的长径比大于 3 时，宜将建筑划分为长径比不大于 3 的多个计算段，各计算段中的公共截面不得作为泄压面积：

$$A=10CV^{2/3} \qquad (2—1—1—1)$$

式中　A——泄压面积（m^2）；

C——泄压比，可按表 2—1—1—4 选取（m^2/m^3）；

V——厂房的容积（m^3）。

表 2—1—1—4　厂房内爆炸性危险物质的类别与泄压比规定值　（单位：m^2/m^3）

厂房内爆炸性危险物质的类别	C 值
氨，粮食、纸、皮革、铅、铬、铜等 $K_{尘}<10\ MPa\cdot m\cdot s^{-1}$ 的粉尘	≥ 0.030
木屑、炭屑、煤粉、锑、锡等 $10\ MPa\cdot m\cdot s^{-1}\leqslant K_{尘}\leqslant 30\ MPa\cdot m\cdot s^{-1}$ 的粉尘	≥ 0.055
丙酮、汽油、甲醇、液化石油气、甲烷、喷漆间或干燥室，苯酚树脂、铝、镁、锆等 $K_{尘}>30\ MPa\cdot m\cdot s^{-1}$ 的粉尘	≥ 0.110
乙烯	≥ 0.160
乙炔	≥ 0.200
氢	≥ 0.250

注：1. 长径比为建筑平面几何外形尺寸中的最长尺寸与其横截面周长的积和 4.0 倍的建筑横截面积之比。
2. $K_{尘}$是指粉尘爆炸指数。

（3）散发较空气轻的可燃气体、可燃蒸气的甲类厂房，宜采用轻质屋面板作为泄压面积。顶棚应尽量平整、无死角，厂房上部空间应通风良好。

（4）散发较空气重的可燃气体、可燃蒸气的甲类厂房和有粉尘、纤维爆炸危险的乙类厂房，应符合下列规定：

1）应采用不发火花的地面。采用绝缘材料作整体面层时，应采取防静电措施。

2）散发可燃粉尘、纤维的厂房，其内表面应平整、光滑，并易于清扫。

3）厂房内不宜设置地沟，确需设置时，其盖板应严密，地沟应采取防止可燃气体、可燃蒸气和粉尘、纤维在地沟积聚的有效措施，且应在与相邻厂房连通处采用防火材料密封。

（5）有爆炸危险的甲、乙类生产部位，宜布置在单层厂房靠外墙的泄压设施或多层厂房顶层靠外墙的泄压设施附近；有爆炸危险的设备宜避开厂房的梁、柱等主要承重构件布置。

（6）有爆炸危险的甲、乙类厂房的总控制室应独立设置。

（7）有爆炸危险的甲、乙类厂房的分控制室宜独立设置，当贴邻外墙设置时，应采用耐火极限不低于3.00 h的防火隔墙与其他部位分隔。

（8）有爆炸危险区域内的楼梯间、室外楼梯或有爆炸危险的区域与相邻区域连通处，应设置门斗等防护措施。门斗的隔墙应采用耐火极限不低于2.00 h的防火隔墙，门应采用甲级防火门并应与楼梯间的门错位设置。

（9）使用和生产甲、乙、丙类液体的厂房，其管、沟不应与相邻厂房的管、沟相通，下水道应设置隔油设施。

【考点六】厂房的安全疏散【★★★】

（一）安全出口的设置

（1）厂房的安全出口应分散布置。每个防火分区或一个防火分区的每个楼层，其相邻2个安全出口最近边缘之间的水平距离不应小于5 m。

（2）厂房内每个防火分区或一个防火分区内的每个楼层，其安全出口的数量应经计算确定，且不应少于2个；当符合下列条件时，可设置1个安全出口：

1）甲类厂房，每层建筑面积不大于100 m^2，且同一时间的作业人数不超过5人；

2）乙类厂房，每层建筑面积不大于150 m^2，且同一时间的作业人数不超过10人；

3）丙类厂房，每层建筑面积不大于250 m^2，且同一时间的作业人数不超过20人；

4）丁、戊类厂房，每层建筑面积不大于400 m^2，且同一时间的作业人数不超过30人；

5）地下或半地下厂房（包括地下或半地下室），每层建筑面积不大于50 m^2，且同一时间的作业人数不超过15人。

（3）地下或半地下厂房（包括地下或半地下室），当有多个防火分区相邻布置，并采用防火墙分隔时，每个防火分区可利用防火墙上通向相邻防火分区的甲级防火门作为第二安全出口，但每个防火分区必须至少有1个直通室外的独立安全出口。

（二）厂房的疏散距离

《建筑设计防火规范》（GB 50016—2014）第3.7.4条规定，厂房内任一点至最近安全出口的直线距离不应大于表2—1—1—5的规定。

表 2—1—1—5 厂房内任一点至最近安全出口的直线距离 （单位：m）

生产的火灾危险性类别	耐火等级	单层厂房	多层厂房	高层厂房	地下或半地下厂房（包括地下或半地下室）
甲	一、二级	30	25	—	—
乙	一、二级	75	50	30	—
丙	一、二级	80	60	40	30
	三级	60	40	—	—
丁	一、二级	不限	不限	50	45
	三级	60	50	—	—
	四级	50	—	—	—
戊	一、二级	不限	不限	75	60
	三级	100	75	—	—
	四级	60	—	—	—

（三）厂房内疏散楼梯、走道和门的最小疏散净宽度

《建筑设计防火规范》（GB 50016—2014）第 3.7.5 条规定，厂房内疏散楼梯、走道、门的各自总净宽度，应根据疏散人数按每 100 人的最小疏散净宽度不小于表 2—1—1—6 的规定计算确定。但疏散楼梯的最小净宽度不宜小于 1.10 m，疏散走道的最小净宽度不宜小于 1.40 m，门的最小净宽度不宜小于 0.90 m。当每层疏散人数不相等时，疏散楼梯的总净宽度应分层计算，下层楼梯总净宽度应按该层及以上疏散人数最多一层的疏散人数计算。

表 2—1—1—6 厂房内疏散楼梯、走道和门的每 100 人最小疏散净宽度

厂房层数（层）	1 ~ 2	3	≥ 4
最小疏散净宽度（m/百人）	0.60	0.80	1.00

（四）楼梯间的选择

《建筑设计防火规范》（GB 50016—2014）第 3.7.6 条规定，高层厂房和甲、乙、丙类多层厂房的疏散楼梯应采用封闭楼梯间或室外楼梯。建筑高度大于 32 m 且任一层人数超过 10 人的厂房，应采用防烟楼梯间或室外楼梯。

【考点七】消防车道【★★★】

《建筑设计防火规范》（GB 50016—2014）第 7.1.3 条规定，工厂、仓库区内应设置消防车道。

高层厂房，占地面积大于 3 000 m^2 的甲、乙、丙类厂房和占地面积大于 1 500 m^2 的乙、丙类仓库，应设置环形消防车道，确有困难时，应沿建筑物的两个长边设置消防车道。

【考点八】消防设施的设置【★★★】

（一）室内消火栓系统

建筑占地面积大于 300 m^2 的厂房应设置室内消火栓系统。

（二）自动灭火系统

（1）除《建筑设计防火规范》（GB 50016—2014）另有规定和不宜用水保护或灭火的场所外，下列厂房或生产部位应设置自动灭火系统，并宜采用自动喷水灭火系统：

1）不小于50 000纱锭的棉纺厂的开包、清花车间，不小于5 000锭的麻纺厂的分级、梳麻车间，火柴厂的烤梗、筛选部位；

2）占地面积大于1 500 m^2或总建筑面积大于3 000 m^2的单、多层制鞋、制衣、玩具及电子等类似生产的厂房；

3）占地面积大于1 500 m^2的木器厂房；

4）泡沫塑料厂的预发、成型、切片、压花部位；

5）高层乙、丙类厂房；

6）建筑面积大于500 m^2的地下或半地下丙类厂房。

（2）根据《建筑设计防火规范》（GB 50016—2014）要求难以设置自动喷水灭火系统的丙类生产车间，应设置其他自动灭火系统，并宜采用固定消防炮等灭火系统。

（3）下列建筑或部位应设置雨淋自动喷水灭火系统：

1）火柴厂的氯酸钾压碾厂房，建筑面积大于100 m^2且生产或使用硝化棉、喷漆棉、火胶棉、赛璐珞胶片、硝化纤维的厂房；

2）乒乓球厂的轧坯、切片、磨球、分球检验部位；

3）日装瓶数量大于3 000瓶的液化石油气储配站的灌瓶间、实瓶库。

（三）火灾自动报警系统

（1）下列建筑或场所应设置火灾自动报警系统：

1）任一层建筑面积大于1 500 m^2或总建筑面积大于3 000 m^2的制鞋、制衣、玩具、电子等类似用途的厂房；

2）净高大于2.6 m且可燃物较多的技术夹层，净高大于0.8 m且有可燃物的闷顶或吊顶内；

3）设置机械排烟和防烟系统、雨淋或预作用自动喷水灭火系统、固定消防水炮灭火系统、气体灭火系统等需与火灾自动报警系统联锁动作的场所或部位。

（2）建筑内可能散发可燃气体、可燃蒸气的场所应设置可燃气体报警装置。

（四）防烟和排烟设施

（1）《建筑设计防火规范》（GB 50016—2014）第8.5.1条规定，建筑的下列场所或部位应设置防烟设施：

1）防烟楼梯间及其前室；

2）消防电梯间前室或合用前室；

3）避难走道的前室、避难层（间）。

（2）建筑高度不大于50 m的公共建筑、厂房、仓库和建筑高度不大于100 m的住宅建筑，当其防烟楼梯间的前室或合用前室符合下列条件之一时，楼梯间可不设置防烟系统：

1）前室或合用前室采用敞开的阳台、凹廊；

2）前室或合用前室具有不同朝向的可开启外窗，且可开启外窗的面积满足自然排烟口的面积要求。

（3）《建筑设计防火规范》（GB 50016—2014）第8.5.2条规定，厂房或仓库的下列场所或部位应设置排烟设施：

1）人员或可燃物较多的丙类生产场所，丙类厂房内建筑面积大于 300 m^2 且经常有人停留或可燃物较多的地上房间；

2）建筑面积大于 5 000 m^2 的丁类生产车间；

3）占地面积大于 1 000 m^2 的丙类仓库；

4）高度大于 32 m 的高层厂房（仓库）内长度大于 20 m 的疏散走道，其他厂房（仓库）内长度大于 40 m 的疏散走道。

第二章　仓库案例分析

【考点一】仓库的火灾危险性【★★★】

《建筑设计防火规范》（GB 50016—2014）第 3.1.3 条规定，储存物品的火灾危险性应根据储存物品的性质和储存物品中的可燃物数量等因素划分，可分为甲、乙、丙、丁、戊类，并应符合表 2—1—2—1 的规定。

表 2—1—2—1　　储存物品的火灾危险性分类

储存物品的火灾危险性类别	储存物品的火灾危险性特征
甲	1. 闪点小于 28℃的液体 2. 爆炸下限小于 10% 的气体，受到水或空气中水蒸气的作用能产生爆炸下限小于 10% 气体的固体物质 3. 常温下能自行分解或在空气中氧化能导致迅速自燃或爆炸的物质 4. 常温下受到水或空气中水蒸气的作用，能产生可燃气体并引起燃烧或爆炸的物质 5. 遇酸、受热、撞击、摩擦以及遇有机物或硫黄等易燃的无机物，极易引起燃烧或爆炸的强氧化剂 6. 受撞击、摩擦或与氧化剂、有机物接触时能引起燃烧或爆炸的物质
乙	1. 闪点不小于 28℃，但小于 60℃的液体 2. 爆炸下限不小于 10% 的气体 3. 不属于甲类的氧化剂 4. 不属于甲类的易燃固体 5. 助燃气体 6. 常温下与空气接触能缓慢氧化，积热不散引起自燃的物品
丙	1. 闪点不小于 60℃的液体 2. 可燃固体
丁	难燃烧物品
戊	不燃烧物品

【考点二】仓库的耐火等级【★★★】

（一）仓库建筑构件的燃烧性能和耐火极限

仓库建筑构件的燃烧性能和耐火极限与本篇第一章【考点二】（一）内容相同。

（二）仓库的耐火等级

（1）高架仓库、高层仓库、甲类仓库、多层乙类仓库和储存可燃液体的多层丙类仓库，其耐火等级不应低于二级。单层乙类仓库，单层丙类仓库，储存可燃固体的多层丙类仓库和多层丁、戊类仓库，其耐火等级不应低于三级。

（2）粮食筒仓的耐火等级不应低于二级，二级耐火等级的粮食筒仓可采用钢板仓；粮食平房仓的耐火等级不应低于三级，二级耐火等级的散装粮食平房仓可采用无防火保护的金属承重构件。

（3）甲、乙类厂房和甲、乙、丙类仓库内的防火墙，其耐火极限不应低于 4.00 h。

（4）一、二级耐火等级单层厂房（仓库）的柱，其耐火极限分别不应低于 2.50 h 和 2.00 h。

（5）采用自动喷水灭火系统全保护的一级耐火等级单、多层厂房（仓库）的屋顶承重构件，其耐火极限不应低于 1.00 h。

（6）一、二级耐火等级厂房（仓库）的上人平屋顶，其屋面板的耐火极限分别不应低于 1.50 h 和 1.00 h。

（7）一、二级耐火等级厂房（仓库）的屋面板应采用不燃材料。屋面防水层宜采用不燃材料、难燃材料；当采用可燃防水材料且铺设在可燃、难燃保温材料上时，防水材料或可燃、难燃保温材料应采用不燃材料作防护层。

【考点三】仓库的层数、面积和平面布置【★★★★★】

（一）仓库的层数和防火分区

《建筑设计防火规范》（GB 50016—2014）第 3.3.2 条规定，除本规范另有规定外，仓库的层数和面积应符合表 2—1—2—2 的规定。

表 2—1—2—2　仓库的层数和面积

储存物品的火灾危险性类别		仓库的耐火等级	最多允许层数	每座仓库的最大允许占地面积和每个防火分区的最大允许建筑面积（m^2）						
				单层仓库		多层仓库		高层仓库		地下或半地下仓库（包括地下或半地下室）
				每座仓库	防火分区	每座仓库	防火分区	每座仓库	防火分区	
甲	3、4项	一级	1	180	60	—	—	—	—	—
甲	1、2、5、6项	一、二级	1	750	250	—	—	—	—	—
乙	1、3、4项	一、二级	3	2 000	500	900	300	—	—	—
		三级	1	500	250	—	—	—	—	—
乙	2、5、6项	一、二级	5	2 800	700	1 500	500	—	—	—
		三级	1	900	300	—	—	—	—	—
丙	1项	一、二级	5	4 000	1 000	2 800	700	—	—	150
		三级	1	1 200	400	—	—	—	—	—
丙	2项	一、二级	不限	6 000	1 500	4 800	1 200	4 000	1 000	300
		三级	3	2 100	700	1 200	400	—	—	—

续表

储存物品的火灾危险性类别	仓库的耐火等级	最多允许层数	每座仓库的最大允许占地面积和每个防火分区的最大允许建筑面积（m^2）						
			单层仓库		多层仓库		高层仓库		地下或半地下仓库（包括地下或半地下室）
			每座仓库	防火分区	每座仓库	防火分区	每座仓库	防火分区	
丁	一、二级	不限	不限	3 000	不限	1 500	4 800	1 200	500
	三级	3	3 000	1 000	1 500	500	—	—	—
	四级	1	2 100	700	—	—	—	—	—
戊	一、二级	不限	不限	不限	不限	2 000	6 000	1 500	1 000
	三级	3	3 000	1 000	2 100	700	—	—	—
	四级	1	2 100	700	—	—	—	—	—

（二）仓库的平面布置

（1）甲、乙类生产场所（仓库）不应设置在地下或半地下。

（2）员工宿舍严禁设置在仓库内。

（3）办公室、休息室等严禁设置在甲、乙类仓库内，也不应贴邻。

（4）办公室、休息室设置在丙、丁类仓库内时，应采用耐火极限不低于 2.50 h 的防火隔墙和 1.00 h 的楼板与其他部位分隔，并应设置独立的安全出口。隔墙上需开设相互连通的门时，应采用乙级防火门。

【考点四】仓库的防火间距【★★】

（一）甲类仓库之间及与其他建筑、明火或散发火花地点、铁路、道路等的防火间距

《建筑设计防火规范》（GB 50016—2014）第 3.5.1 条规定，甲类仓库之间及与其他建筑、明火或散发火花地点、铁路、道路等的防火间距不应小于表 2—1—2—3 的规定。

表 2—1—2—3　甲类仓库之间及与其他建筑、明火或散发火花地点、铁路、道路等的防火间距　（单位：m）

名称		甲类仓库（储量，t）			
		甲类储存物品第 3、4 项		甲类储存物品第 1、2、5、6 项	
		≤ 5	＞ 5	≤ 10	＞ 10
高层民用建筑、重要公共建筑		50			
裙房、其他民用建筑、明火或散发火花地点		30	40	25	30
甲类仓库		20	20	20	20
厂房和乙、丙、丁、戊类仓库	一、二级	15	20	12	15
	三级	20	25	15	20
	四级	25	30	20	25

续表

名称		甲类仓库（储量，t）			
		甲类储存物品第 3、4 项		甲类储存物品第 1、2、5、6 项	
		≤ 5	> 5	≤ 10	> 10
电力系统电压为 35 ~ 500 kV 且每台变压器容量不小于 10 MV · A 的室外变、配电站，工业企业的变压器总油量大于 5 t 的室外降压变电站		30	40	25	30
厂外铁路线中心线		40			
厂内铁路线中心线		30			
厂外道路路边		20			
厂内道路路边	主要	10			
	次要	5			

（二）乙、丙、丁、戊类仓库之间及与民用建筑的防火间距

《建筑设计防火规范》（GB 50016—2014）第 3.5.2 条规定，除本规范另有规定外，乙、丙、丁、戊类仓库之间及与民用建筑的防火间距，不应小于表 2—1—2—4 的规定。

表 2—1—2—4　乙、丙、丁、戊类仓库之间及与民用建筑的防火间距　（单位：m）

名称			乙类仓库			丙类仓库				丁、戊类仓库			
			单、多层		高层	单、多层			高层	单、多层			高层
			一、二级	三级	一、二级	一、二级	三级	四级	一、二级	一、二级	三级	四级	一、二级
乙、丙、丁、戊类仓库	单、多层	一、二级	10	12	13	10	12	14	13	10	12	14	13
		三级	12	14	15	12	14	16	15	12	14	16	15
		四级	14	16	17	14	16	18	17	14	16	18	17
	高层	一、二级	13	15	13	13	15	17	13	13	15	17	13
民用建筑	裙房，单、多层	一、二级	25			10	12	14	13	10	12	14	13
		三级				12	14	16	15	12	14	16	15
		四级				14	16	18	17	14	16	18	17
	高层	一类	50			20	25	25	20	15	18	18	15
		二类				15	20	20	15	13	15	15	13

（三）粮食筒仓与其他建筑、粮食筒仓组之间的防火间距

《建筑设计防火规范》（GB 50016—2014）第 3.5.4 条规定，粮食筒仓与其他建筑、粮食筒仓组之间的防火间距，不应小于表 2—1—2—5 的规定。

表 2—1—2—5　粮食筒仓与其他建筑、粮食筒仓组之间的防火间距　（单位：m）

<table>
<tr><th rowspan="2">名称</th><th rowspan="2">粮食总储量 W（t）</th><th colspan="3">粮食立筒仓</th><th colspan="2">粮食浅圆仓</th><th colspan="3">其他建筑</th></tr>
<tr><th>W≤ 40 000</th><th>40 000 < W ≤ 50 000</th><th>W > 50 000</th><th>W≤ 50 000</th><th>W > 50 000</th><th>一、二级</th><th>三级</th><th>四级</th></tr>
<tr><td rowspan="4">粮食立筒仓</td><td>500 < W ≤ 10 000</td><td rowspan="2">15</td><td rowspan="3">20</td><td rowspan="3">25</td><td rowspan="3">20</td><td rowspan="3">25</td><td>10</td><td>15</td><td>20</td></tr>
<tr><td>10 000 < W ≤ 40000</td><td>15</td><td>20</td><td>25</td></tr>
<tr><td>40 000 < W ≤ 50 000</td><td>20</td><td>20</td><td>25</td><td>30</td></tr>
<tr><td>W > 50 000</td><td colspan="5">25</td><td>25</td><td>30</td><td>—</td></tr>
<tr><td rowspan="2">粮食浅圆仓</td><td>W ≤ 50 000</td><td>20</td><td>20</td><td>25</td><td>20</td><td>25</td><td>20</td><td>25</td><td>—</td></tr>
<tr><td>W > 50 000</td><td colspan="5">25</td><td>25</td><td>30</td><td>—</td></tr>
</table>

【考点五】仓库的防爆【★★】

（1）甲、乙、丙类液体仓库应设置防止液体流散的设施。遇湿会发生燃烧爆炸的物品仓库应采取防止水浸渍的措施。

（2）有粉尘爆炸危险的筒仓，其顶部盖板应设置必要的泄压设施。粮食筒仓工作塔和上通廊的泄压面积应按本篇第一章【考点五】（2）计算确定。有粉尘爆炸危险的其他粮食储存设施应采取防爆措施。

（3）有爆炸危险的仓库或仓库内有爆炸危险的部位，宜按前述规定采取防爆措施、设置泄压设施。

【考点六】仓库的安全疏散【★★★】

（一）安全出口的设置

（1）仓库的安全出口应分散布置。每个防火分区或一个防火分区的每个楼层，其相邻 2 个安全出口最近边缘之间的水平距离不应小于 5 m。

（2）每座仓库的安全出口不应少于 2 个，当一座仓库的占地面积不大于 300 m^2 时，可设置 1 个安全出口。仓库内每个防火分区通向疏散走道、楼梯或室外的出口不宜少于 2 个，当防火分区的建筑面积不大于 100 m^2 时，可设置 1 个出口。通向疏散走道或楼梯的门应为乙级防火门。

（3）地下或半地下仓库（包括地下或半地下室）的安全出口不应少于 2 个；当建筑面积不大于 100 m^2 时，可设置 1 个安全出口。地下或半地下仓库（包括地下或半地下室），当有多个防火分区相邻布置并采用防火墙分隔时，每个防火分区可利用防火墙上通向相邻防火分区的甲级防火门作为第二安全出口，但每个防火分区必须至少有 1 个直通室外的安全出口。

（二）楼梯间的选择

（1）仓库、筒仓中符合《建筑设计防火规范》（GB 50016—2014）第6.4.5条规定的室外金属梯，可作为疏散楼梯，但筒仓室外楼梯平台的耐火极限不应低于0.25 h。

（2）高层仓库的疏散楼梯应采用封闭楼梯间。

【考点七】消防车道【★★】

（1）仓库区内应设置消防车道。

（2）占地面积大于1 500 m^2的乙、丙类仓库，应设置环形消防车道，确有困难时，应沿建筑物的两个长边设置消防车道。

【考点八】消防设施的设置【★★】

（一）室内消火栓系统

建筑占地面积大于300 m^2的仓库应设置室内消火栓系统。

（二）自动灭火系统

（1）除《建筑设计防火规范》（GB 50016—2014）另有规定和不宜用水保护或灭火的仓库外，下列仓库应设置自动灭火系统，并宜采用自动喷水灭火系统：

1）每座占地面积大于1 000 m^2的棉、毛、丝、麻、化纤、毛皮及其制品的仓库；

注：单层占地面积不大于2 000 m^2的棉花库房，可不设置自动喷水灭火系统。

2）每座占地面积大于600 m^2的火柴仓库；

3）邮政建筑内建筑面积大于500 m^2的空邮袋库；

4）可燃、难燃物品的高架仓库和高层仓库；

5）设计温度高于0℃的高架冷库，设计温度高于0℃且每个防火分区建筑面积大于1 500 m^2的非高架冷库；

6）总建筑面积大于500 m^2的可燃物品地下仓库；

7）每座占地面积大于1 500 m^2或总建筑面积大于3 000 m^2的其他单层或多层丙类物品仓库。

（2）根据《建筑设计防火规范》（GB 50016—2014）要求难以设置自动喷水灭火系统的库房，应设置其他自动灭火系统，并宜采用固定消防炮等灭火系统。

（3）下列建筑或部位应设置雨淋自动喷水灭火系统：

1）建筑面积大于60 m^2或储存量大于2 t的硝化棉、喷漆棉、火胶棉、赛璐珞胶片、硝化纤维的仓库；

2）日装瓶数量大于3 000瓶的液化石油气储配站的灌瓶间、实瓶库。

（三）火灾自动报警系统

（1）下列建筑或场所应设置火灾自动报警系统：

1）每座占地面积大于1 000 m^2的棉、毛、丝、麻、化纤及其制品的仓库，占地面积大于500 m^2或总建筑面积大于1 000 m^2的卷烟仓库；

2）图书或文物的珍藏库，每座藏书超过50万册的图书馆，重要的档案馆；

3）净高大于2.6 m且可燃物较多的技术夹层，净高大于0.8 m且有可燃物的闷顶或吊顶内；

4）电子信息系统的主机房及其控制室、记录介质库，特殊贵重或火灾危险性大的机器、仪表、仪器设备室、贵重物品库房；

5）二类高层公共建筑内建筑面积大于 50 m^2 的可燃物品库房和建筑面积大于 500 m^2 的营业厅；

6）设置机械排烟、防烟系统、雨淋或预作用自动喷水灭火系统、固定消防水炮灭火系统、气体灭火系统等需与火灾自动报警系统联锁动作的场所或部位。

（2）建筑内可能散发可燃气体、可燃蒸气的场所应设置可燃气体报警装置。

（四）防烟和排烟设施

仓库防烟和排烟设施与本篇第一章【考点八】（四）内容相同。

第三章　民用建筑案例分析

【考点一】建筑分类【★★】

《建筑设计防火规范》（GB 50016—2014）第 5.1.1 条规定，民用建筑根据其建筑高度和层数可分为单、多层民用建筑和高层民用建筑。高层民用建筑根据其建筑高度、使用功能和楼层的建筑面积可分为一类和二类。民用建筑的分类应符合表 2—1—3—1 的规定。

表 2—1—3—1　　　民用建筑的分类

名称	高层民用建筑		单、多层民用建筑
	一类	二类	
住宅建筑	建筑高度大于 54 m 的住宅建筑（包括设置商业服务网点的住宅建筑）	建筑高度大于 27 m，但不大于 54 m 的住宅建筑（包括设置商业服务网点的住宅建筑）	建筑高度不大于 27 m 的住宅建筑（包括设置商业服务网点的住宅建筑）
公共建筑	1. 建筑高度大于 50 m 的公共建筑 2. 建筑高度 24 m 以上部分，任一楼层建筑面积大于 1 000 m^2 的商店、展览、电信、邮政、财贸金融建筑和其他多种功能组合的建筑 3. 医疗建筑、重要公共建筑 4. 省级及以上的广播电视和防灾指挥调度建筑、网局级和省级电力调度建筑 5. 藏书超过 100 万册的图书馆、书库	除一类高层公共建筑外的其他高层公共建筑	1. 建筑高度大于 24 m 的单层公共建筑 2. 建筑高度不大于 24 m 的其他公共建筑

【考点二】民用建筑的耐火等级【★★★】

（一）民用建筑构件的燃烧性能和耐火极限

《建筑设计防火规范》（GB 50016—2014）第 5.1.2 条规定，民用建筑的耐火等级可分为一、二、三、四级。除本规范另有规定外，不同耐火等级建筑相应构件的燃烧性能和耐火极限不应低于表 2—1—3—2 的规定。

表 2—1—3—2　不同耐火等级建筑相应构件的燃烧性能和耐火极限　（单位：h）

构件名称		耐火等级			
		一级	二级	三级	四级
墙	防火墙	不燃性 3.00	不燃性 3.00	不燃性 3.00	不燃性 3.00
	承重墙	不燃性 3.00	不燃性 2.50	不燃性 2.00	难燃性 0.50
	非承重外墙	不燃性 1.00	不燃性 1.00	不燃性 0.50	可燃性
	楼梯间和前室的墙 电梯井的墙 住宅建筑单元之间的墙和分户墙	不燃性 2.00	不燃性 2.00	不燃性 1.50	难燃性 0.50
	疏散走道两侧的隔墙	不燃性 1.00	不燃性 1.00	不燃性 0.50	难燃性 0.25
	房间隔墙	不燃性 0.75	不燃性 0.50	难燃性 0.50	难燃性 0.25
柱		不燃性 3.00	不燃性 2.50	不燃性 2.00	难燃性 0.50
梁		不燃性 2.00	不燃性 1.50	不燃性 1.00	难燃性 0.50
楼板		不燃性 1.50	不燃性 1.00	不燃性 0.50	可燃性
屋顶承重构件		不燃性 1.50	不燃性 1.00	不燃性 0.50	可燃性
疏散楼梯		不燃性 1.50	不燃性 1.00	不燃性 0.50	可燃性
吊顶（包括吊顶搁栅）		不燃性 0.25	难燃性 0.25	难燃性 0.15	可燃性

（二）民用建筑的耐火等级

（1）民用建筑的耐火等级应根据其建筑高度、使用功能、重要性和火灾扑救难度等确定，并应符合下列规定：

1）地下或半地下建筑（室）和一类高层建筑的耐火等级不应低于一级；

2）单、多层重要公共建筑和二类高层建筑的耐火等级不应低于二级。

（2）建筑高度大于 100 m 的民用建筑，其楼板的耐火极限不应低于 2.00 h。一、二级耐火等级建筑的上人平屋顶，其屋面板的耐火极限分别不应低于 1.50 h 和 1.00 h。

【考点三】民用建筑的平面布置【6 ★】

（一）总平面布局

《建筑设计防火规范》（GB 50016—2014）第 5.2.1 条规定，在总平面布局中，应合理确定建筑的位置、防火间距、消防车道和消防水源等，不宜将民用建筑布置在甲、乙类厂（库）房，甲、乙、丙类液体储罐，可燃气体储罐和可燃材料堆场的附近。

（二）防火间距

《建筑设计防火规范》（GB 50016—2014）第 5.2.2 条规定，民用建筑之间的防火间距不应小于表 2—1—3—3 的规定，与其他建筑的防火间距，应符合本规范其他章节的有关规定。

表 2—1—3—3　民用建筑之间的防火间距　（单位：m）

建筑类别		高层民用建筑	裙房和其他民用建筑		
		一、二级	一、二级	三级	四级
高层民用建筑	一、二级	13	9	11	14
裙房和其他民用建筑	一、二级	9	6	7	9
	三级	11	7	8	10
	四级	14	9	10	12

（三）平面布置

（1）除为满足民用建筑使用功能所设置的附属库房外，民用建筑内不应设置生产车间和其他库房。经营、存放和使用甲、乙类火灾危险性物品的商店、作坊和储藏间，严禁附设在民用建筑内。

（2）商店建筑、展览建筑采用三级耐火等级建筑时，不应超过 2 层；采用四级耐火等级建筑时，应为单层。营业厅、展览厅设置在三级耐火等级的建筑内时，应布置在首层或二层；设置在四级耐火等级的建筑内时，应布置在首层。营业厅、展览厅不应设置在地下三层及以下楼层。地下或半地下营业厅、展览厅不应经营、储存和展示甲、乙类火灾危险性物品。

（3）托儿所、幼儿园的儿童用房，儿童游乐厅等儿童活动场所和老年人活动场所宜设置在独立的建筑内，且不应设置在地下或半地下；当采用一、二级耐火等级的建筑时，不应超过 3 层；采用三级耐火等级的建筑时，不应超过 2 层；采用四级耐火等级的建筑时，应为单层；确需设置在其他民用建筑内时，应符合下列规定：

1）设置在一、二级耐火等级的建筑内时，应布置在首层、二层或三层；

2）设置在三级耐火等级的建筑内时，应布置在首层或二层；

3）设置在四级耐火等级的建筑内时，应布置在首层；

4）设置在高层建筑内时，应设置独立的安全出口和疏散楼梯；

5）设置在单、多层建筑内时，宜设置独立的安全出口和疏散楼梯。

（4）医院和疗养院的住院部分不应设置在地下或半地下。医院和疗养院的住院部分采用三级耐火等级建筑时，不应超过 2 层；采用四级耐火等级建筑时，应为单层；设置在三级耐火等级的建筑内时，应布置在首层或二层；设置在四级耐火等级的建筑内时，应布置在首层。医院和疗养院的病房楼内相邻护理单元之间应采用耐火极限不低于 2.00 h 的防火隔墙分隔，隔墙上的门应采用乙级防火门，设置在走道上的防火门应采用常开防火门。

（5）教学建筑、食堂、菜市场采用三级耐火等级建筑时，不应超过 2 层；采用四级耐火等级建筑时，应为单层；设置在三级耐火等级的建筑内时，应布置在首层或二层；设置在四级耐火等级的建筑内时，应布置在首层。

（6）歌舞厅、录像厅、夜总会、卡拉 OK 厅（含具有卡拉 OK 功能的餐厅）、游艺厅（含电子游艺厅）、桑拿浴室（不包括洗浴部分）、网吧等歌舞娱乐放映游艺场所（不含剧场、电影院）的布置应符合下列规定：

1）不应布置在地下二层及以下楼层；

2）宜布置在一、二级耐火等级建筑内的首层、二层或三层的靠外墙部位；

3）不宜布置在袋形走道的两侧或尽端；

4）确需布置在地下一层时，地下一层的地面与室外出入口地坪的高差不应大于 10 m；

5）确需布置在地下或四层及以上楼层时，一个厅、室的建筑面积不应大于 200 m^2；

6）厅、室之间及与建筑的其他部位之间，应采用耐火极限不低于 2.00 h 的防火隔墙和 1.00 h 的不燃性楼板分隔，设置在厅、室墙上的门和该场所与建筑内其他部位相通的门均应采用乙级防火门。

（7）除商业服务网点外，住宅建筑与其他使用功能的建筑合建时，应符合下列规定：

1）住宅部分与非住宅部分之间，应采用耐火极限不低于 2.00 h 且无门、窗、洞口的防火隔墙和 1.50 h 的不燃性楼板完全分隔；当为高层建筑时，应采用无门、窗、洞口的防火墙和耐火极限不低于 2.00 h 的不燃性楼板完全分隔。建筑外墙上、下层开口之间的防火措施应符合《建筑设计防火规范》（GB 50016—2014）第 6.2.5 条的规定。

2）住宅部分与非住宅部分的安全出口和疏散楼梯应分别独立设置；为住宅部分服务的地上车库应设置独立的疏散楼梯或安全出口，地下车库的疏散楼梯应按《建筑设计防火规范》（GB 50016—2014）第 6.4.4 条的规定进行分隔。

3）住宅部分和非住宅部分的安全疏散、防火分区和室内消防设施配置，可根据各自的建筑高度分别按照《建筑设计防火规范》（GB 50016—2014）有关住宅建筑和公共建筑的规定执行；该建筑的其他防火设计应根据建筑的总高度和建筑规模按《建筑设计防火规范》（GB 50016—2014）有关公共建筑的规定执行。

（8）设置商业服务网点的住宅建筑，其居住部分与商业服务网点之间应采用耐火极限不低于 2.00 h 且无门、窗、洞口的防火隔墙和 1.50 h 的不燃性楼板完全分隔，住宅部分和商业服务网点部分的安全出口和疏散楼梯应分别独立设置。商业服务网点中每个分隔单元之间应采用耐火极限不低于 2.00 h 且无门、窗、洞口的防火隔墙相互分隔，当每个分隔单元任一层建筑面积大于 200 m^2 时，该层应设置 2 个安全出口或疏散门。每个分隔单元内的任一点至最近直通室外的出口的直线距离不应大于表 2—1—3—7 中有关多层其他建筑位于袋形走道两侧或尽端的疏散门至最近安全出口的最大直线距离。

注：室内楼梯的距离可按其水平投影长度的 1.50 倍计算。

（9）燃油或燃气锅炉、油浸变压器、充有可燃油的高压电容器和多油开关等，宜设置在建筑外的专用房间内；确需贴邻民用建筑布置时，应采用防火墙与所贴邻的建筑分隔，且不应贴邻人员密集场所，该专用房间的耐火等级不应低于二级；确需布置在民用建筑内时，不应布置在人员密集场所的上一层、下一层或贴邻，并应符合下列规定：

1）燃油或燃气锅炉房、变压器室应设置在首层或地下一层的靠外墙部位，但常（负）压燃油或燃气锅炉可设置在地下二层或屋顶上。设置在屋顶上的常（负）压燃气锅炉，距离通向屋面的安全出口不应小于 6 m。采用相对密度（与空气密度的比值）不小于 0.75 的可燃气体为燃料的锅炉，不得设置在地下或半地下。

2）锅炉房、变压器室的疏散门均应直通室外或安全出口。

3）锅炉房、变压器室等与其他部位之间应采用耐火极限不低于 2.00 h 的防火隔墙和 1.50 h 的不燃性楼板分隔。在隔墙和楼板上不应开设洞口，确需在隔墙上设置门、窗时，应采用甲级防火门、窗。

4）锅炉房内设置储油间时，其总储存量不应大于 1 m^3，且储油间应采用耐火极限不低于 3.00 h 的防火隔墙与锅炉间分隔；确需在防火隔墙上设置门时，应采用甲级防火门。

5）变压器室之间、变压器室与配电室之间，应设置耐火极限不低于 2.00 h 的防火隔墙。

6）油浸变压器、多油开关室、高压电容器室，应设置防止油品流散的设施。油浸变压器下面应设置能储存变压器全部油量的事故储油设施。

7）应设置火灾报警装置。

8）应设置与锅炉、变压器、电容器和多油开关等的容量及建筑规模相适应的灭火设施，当建筑内其他部位设置自动喷水灭火系统时，应设置自动喷水灭火系统。

9）锅炉的容量应符合《锅炉房设计规范》(GB 50041—2008）的规定。油浸变压器的总容量不应大于 1 260 kV · A，单台容量不应大于 630 kV · A。

10）燃气锅炉房应设置爆炸泄压设施。燃油或燃气锅炉房应设置独立的通风系统，并应符合《建筑设计防火规范》(GB 50016—2014）第 9 章的规定。

（10）布置在民用建筑内的柴油发电机房应符合下列规定：

1）宜布置在首层或地下一、二层。

2）不应布置在人员密集场所的上一层、下一层或贴邻。

3）应采用耐火极限不低于 2.00 h 的防火隔墙和 1.50 h 的不燃性楼板与其他部位分隔，门应采用甲级防火门。

4）机房内设置储油间时，其总储存量不应大于 1 m^3，储油间应采用耐火极限不低于 3.00 h 的防火隔墙与发电机间分隔；确需在防火隔墙上开门时，应设置甲级防火门。

5）应设置火灾报警装置。

6）应设置与柴油发电机容量和建筑规模相适应的灭火设施，当建筑内其他部位设置自动喷水灭火系统时，机房内应设置自动喷水灭火系统。

（11）设置在建筑内的锅炉、柴油发电机，其燃料供给管道应符合下列规定：

1）在进入建筑物前和设备间内的管道上均应设置自动和手动切断阀；

2）储油间的油箱应密闭且应设置通向室外的通气管，通气管应设置带阻火器的呼吸阀，油箱的下部应设置防止油品流散的设施；

3）燃气供给管道的敷设应符合《城镇燃气设计规范》(GB 50028—2006）的规定。

（12）建筑采用瓶装液化石油气瓶组供气时，应符合下列规定：

1）应设置独立的瓶组间；

2）瓶组间不应与住宅建筑、重要公共建筑和其他高层公共建筑贴邻，液化石油气气瓶的总容积不大于 1 m^3 的瓶组间与所服务的其他建筑贴邻时，应采用自然气化方式供气；

3）液化石油气气瓶的总容积大于 1 m^3、不大于 4 m^3 的独立瓶组间，与所服务建筑的防火间距应符合表 2—1—3—4 的规定；

表 2—1—3—4　液化石油气气瓶的独立瓶组间与所服务建筑的防火间距　（单位：m）

名称	液化石油气气瓶的独立瓶组间的总容积 V (m^3)	
	$V \leq 2$	$2 < V \leq 4$
明火或散发火花地点	25	30
重要公共建筑、一类高层民用建筑	15	20

续表

名称		液化石油气气瓶的独立瓶组间的总容积 V（m^3）	
		$V \leq 2$	$2 < V \leq 4$
裙房和其他民用建筑		8	10
道路（路边）	主要	10	
	次要	5	

4）在瓶组间的总出气管道上应设置紧急事故自动切断阀；

5）瓶组间应设置可燃气体浓度报警装置；

6）其他防火要求应符合《城镇燃气设计规范》（GB 50028—2006）的规定。

【考点四】民用建筑的防火分区和层数【★★★★★】

（1）除《建筑设计防火规范》（GB 50016—2014）另有规定外，不同耐火等级建筑的允许建筑高度或层数、防火分区最大允许建筑面积应符合表 2—1—3—5 的规定。

表 2—1—3—5 不同耐火等级建筑的允许建筑高度或层数、防火分区最大允许建筑面积

名称	耐火等级	允许建筑高度或层数	防火分区的最大允许建筑面积（m^2）	备注
高层民用建筑	一、二级	按表 2—1—3—1 确定	1 500	对于体育馆、剧场的观众厅，防火分区的最大允许建筑面积可适当增加
单、多层民用建筑	一、二级	按表 2—1—3—1 确定	2 500	
	三级	5 层	1 200	
	四级	2 层	600	
地下或半地下建筑（室）	一级	—	500	设备用房的防火分区最大允许建筑面积不应大于 1 000 m^2

注：1. 表中规定的防火分区最大允许建筑面积，当建筑内设置自动灭火系统时，可按本表的规定增加 1.0 倍；局部设置时，防火分区的增加面积可按该局部面积的 1.0 倍计算。.

2. 裙房与高层建筑主体之间设置防火墙时，裙房的防火分区可按单、多层建筑的要求确定。

（2）建筑内设置自动扶梯、敞开楼梯等上、下层相连通的开口时，其防火分区的建筑面积应按上、下层相连通的建筑面积叠加计算；当叠加计算后的建筑面积大于表 2—1—3—5 的规定时，应划分防火分区。

建筑内设置中庭时，其防火分区的建筑面积应按上、下层相连通的建筑面积叠加计算；当叠加计算后的建筑面积大于表 2—1—3—5 的规定时，应符合下列规定：

1）与周围连通空间应进行防火分隔：采用防火隔墙时，其耐火极限不应低于 1.00 h；采用防火玻璃墙时，其耐火隔热性和耐火完整性不应低于 1.00 h，采用耐火完整性不低于 1.00 h 的非隔热性防火玻璃墙时，应设置自动喷水灭火系统进行保护；采用防火卷帘时，其耐火极限不应低于 3.00 h，并应符合《建筑设计防火规范》（GB 50016—2014）第 6.5.3 条的规定；与中庭相连通的门、窗，应采用火灾时能自行关闭的甲级防火门、窗。

2）高层建筑内的中庭回廊应设置自动喷水灭火系统和火灾自动报警系统。

3）中庭应设置排烟设施。

4）中庭内不应布置可燃物。

（3）一、二级耐火等级建筑内的商店营业厅、展览厅，当设置自动灭火系统和火灾自动报警系统并采用不燃或难燃装修材料时，其每个防火分区的最大允许建筑面积应符合下列规定：

1）设置在高层建筑内时，不应大于 4 000 m^2；

2）设置在单层建筑或仅设置在多层建筑的首层内时，不应大于 10 000 m^2；

3）设置在地下或半地下时，不应大于 2 000 m^2。

（4）总建筑面积大于 20 000 m^2 的地下或半地下商店，应采用无门、窗、洞口的防火墙、耐火极限不低于 2.00 h 的楼板分隔为多个建筑面积不大于 20 000 m^2 的区域。相邻区域确需局部连通时，应采用下沉式广场等室外开敞空间、防火隔间、避难走道、防烟楼梯间等方式进行连通，并应符合下列规定：

1）下沉式广场等室外开敞空间应能防止相邻区域的火灾蔓延和便于安全疏散，并应符合《建筑设计防火规范》（GB 50016—2014）第 6.4.12 条的规定；

2）防火隔间的墙应为耐火极限不低于 3.00 h 的防火隔墙，并应符合《建筑设计防火规范》（GB 50016—2014）第 6.4.13 条的规定；

3）避难走道应符合《建筑设计防火规范》（GB 50016—2014）第 6.4.14 条的规定；

4）防烟楼梯间的门应采用甲级防火门。

【考点五】安全疏散【6 ★】

（一）安全出口和疏散楼梯的设置

（1）公共建筑内每个防火分区或一个防火分区的每个楼层，其安全出口的数量应经计算确定，且不应少于 2 个。设置 1 个安全出口或 1 部疏散楼梯的公共建筑应符合下列条件之一：

1）除托儿所、幼儿园外，建筑面积不大于 200 m^2 且人数不超过 50 人的单层公共建筑或多层公共建筑的首层；

2）除医疗建筑，老年人建筑，托儿所、幼儿园的儿童用房，儿童游乐厅等儿童活动场所和歌舞娱乐放映游艺场所等外，符合表 2—1—3—6 规定的公共建筑。

表 2—1—3—6　　可设置 1 部疏散楼梯的公共建筑

耐火等级	最多层数	每层最大建筑面积（m^2）	人数
一、二级	3 层	200	第二、三层的人数之和不超过 50 人
三级	3 层	200	第二、三层的人数之和不超过 25 人
四级	2 层	200	第二层人数不超过 15 人

（2）一类高层公共建筑和建筑高度大于 32 m 的二类高层公共建筑，其疏散楼梯应采用防烟楼梯间。裙房和建筑高度不大于 32 m 的二类高层公共建筑，其疏散楼梯应采用封闭楼梯间。

注：当裙房与高层建筑主体之间设置防火墙时，裙房的疏散楼梯可按《建筑设计防火规范》（GB 50016—2014）有关单、多层建筑的要求确定。

（3）下列多层公共建筑的疏散楼梯，除与敞开式外廊直接相连的楼梯间外，均应采用封闭楼梯间：

1）医疗建筑、旅馆、老年人建筑；

2）设置歌舞娱乐放映游艺场所的建筑；

3）商店、图书馆、展览建筑、会议中心及类似使用功能的建筑；

4）6 层及以上的其他建筑。

（4）公共建筑内房间的疏散门数量应经计算确定且不应少于 2 个。除托儿所、幼儿园、老年人建筑、医疗建筑、教学建筑内位于走道尽端的房间外，符合下列条件之一的房间可设置 1 个疏散门：

1）位于两个安全出口之间或袋形走道两侧的房间，对于托儿所、幼儿园、老年人建筑，建筑面积不大于 50 m^2；对于医疗建筑、教学建筑，建筑面积不大于 75 m^2；对于其他建筑或场所，建筑面积不大于 120 m^2。

2）位于走道尽端的房间，建筑面积小于 50 m^2 且疏散门的净宽度不小于 0.90 m，或由房间内任一点至疏散门的直线距离不大于 15 m、建筑面积不大于 200 m^2 且疏散门的净宽度不小于 1.40 m。

3）歌舞娱乐放映游艺场所内建筑面积不大于 50 m^2 且经常停留人数不超过 15 人的厅、室。

（5）剧场、电影院、礼堂和体育馆的观众厅或多功能厅，其疏散门的数量应经计算确定且不应少于 2 个，并应符合下列规定：

1）对于剧场、电影院、礼堂的观众厅或多功能厅，每个疏散门的平均疏散人数不应超过 250 人；当容纳人数超过 2 000 人时，其超过 2 000 人的部分，每个疏散门的平均疏散人数不应超过 400 人。

2）对于体育馆的观众厅，每个疏散门的平均疏散人数不宜超过 400 ~ 700 人。

（6）《建筑设计防火规范》（GB 50016—2014）第 5.5.25 条规定，住宅建筑安全出口的设置应符合下列规定：

1）建筑高度不大于 27 m 的建筑，当每个单元任一层的建筑面积大于 650 m^2，或任一户门至最近安全出口的距离大于 15 m 时，每个单元每层的安全出口不应少于 2 个；

2）建筑高度大于 27 m、不大于 54 m 的建筑，当每个单元任一层的建筑面积大于 650 m^2，或任一户门至最近安全出口的距离大于 10 m 时，每个单元每层的安全出口不应少于 2 个；

3）建筑高度大于 54 m 的建筑，每个单元每层的安全出口不应少于 2 个。

（7）《建筑设计防火规范》（GB 50016—2014）第 5.5.26 条规定，建筑高度大于 27 m 但不大于 54 m 的住宅建筑，每个单元设置一座疏散楼梯时，疏散楼梯应通至屋面，且单元之间的疏散楼梯应能通过屋面连通，户门应采用乙级防火门。当不能通至屋面或不能通过屋面连通时，应设置 2 个安全出口。

（二）疏散距离

（1）公共建筑的安全疏散距离应符合下列规定：

1）直通疏散走道的房间疏散门至最近安全出口的直线距离不应大于表 2—1—3—7 的规定。

表 2—1—3—7 直通疏散走道的房间疏散门至最近安全出口的直线距离 （单位：m）

<table>
<tr><th colspan="3" rowspan="2">名称</th><th colspan="3">位于两个安全出口之间的疏散门</th><th colspan="3">位于袋形走道两侧或尽端的疏散门</th></tr>
<tr><th>一、二级</th><th>三级</th><th>四级</th><th>一、二级</th><th>三级</th><th>四级</th></tr>
<tr><td colspan="3">托儿所、幼儿园、老年人建筑</td><td>25</td><td>20</td><td>15</td><td>20</td><td>15</td><td>10</td></tr>
<tr><td colspan="3">歌舞娱乐放映游艺场所</td><td>25</td><td>20</td><td>15</td><td>9</td><td>—</td><td>—</td></tr>
<tr><td rowspan="3">医疗建筑</td><td colspan="2">单、多层</td><td>35</td><td>30</td><td>25</td><td>20</td><td>15</td><td>10</td></tr>
<tr><td rowspan="2">高层</td><td>病房部分</td><td>24</td><td>—</td><td>—</td><td>12</td><td>—</td><td>—</td></tr>
<tr><td>其他部分</td><td>30</td><td>—</td><td>—</td><td>15</td><td>—</td><td>—</td></tr>
<tr><td rowspan="2">教学建筑</td><td colspan="2">单、多层</td><td>35</td><td>30</td><td>25</td><td>22</td><td>20</td><td>10</td></tr>
<tr><td colspan="2">高层</td><td>30</td><td>—</td><td>—</td><td>15</td><td>—</td><td>—</td></tr>
<tr><td colspan="3">高层旅馆、展览建筑</td><td>30</td><td>—</td><td>—</td><td>15</td><td>—</td><td>—</td></tr>
<tr><td rowspan="2">其他建筑</td><td colspan="2">单、多层</td><td>40</td><td>35</td><td>25</td><td>22</td><td>20</td><td>15</td></tr>
<tr><td colspan="2">高层</td><td>40</td><td>—</td><td>—</td><td>20</td><td>—</td><td>—</td></tr>
</table>

注：1. 建筑内开向敞开式外廊的房间疏散门至最近安全出口的直线距离可按本表的规定增加 5 m。

2. 直通疏散走道的房间疏散门至最近敞开楼梯间的直线距离，当房间位于两个楼梯间之间时，应按本表的规定减少 5 m；当房间位于袋形走道两侧或尽端时，应按本表的规定减少 2 m。

3. 建筑物内全部设置自动喷水灭火系统时，其安全疏散距离可按本表的规定增加 25%。

2）楼梯间应在首层直通室外，确有困难时，可在首层采用扩大的封闭楼梯间或防烟楼梯间前室。当层数不超过 4 层且未采用扩大的封闭楼梯间或防烟楼梯间前室时，可将直通室外的门设置在离楼梯间不大于 15 m 处。

3）房间内任一点至房间直通疏散走道的疏散门的直线距离，不应大于表 2—1—3—7 规定的袋形走道两侧或尽端的疏散门至最近安全出口的直线距离。

4）一、二级耐火等级建筑内疏散门或安全出口不少于 2 个的观众厅、展览厅、多功能厅、餐厅、营业厅等，其室内任一点至最近疏散门或安全出口的直线距离不应大于 30 m；当疏散门不能直通室外地面或疏散楼梯间时，应采用长度不大于 10 m 的疏散走道通至最近的安全出口。当该场所设置自动喷水灭火系统时，室内任一点至最近安全出口的安全疏散距离可分别增加 25%。

（2）住宅建筑的安全疏散距离应符合下列规定：

1）直通疏散走道的户门至最近安全出口的直线距离不应大于表 2—1—3—8 的规定。

表 2—1—3—8 住宅建筑直通疏散走道的户门至最近安全出口的直线距离 （单位：m）

<table>
<tr><th rowspan="2">住宅建筑类别</th><th colspan="3">位于两个安全出口之间的户门</th><th colspan="3">位于袋形走道两侧或尽端的户门</th></tr>
<tr><th>一、二级</th><th>三级</th><th>四级</th><th>一、二级</th><th>三级</th><th>四级</th></tr>
<tr><td>单、多层</td><td>40</td><td>35</td><td>25</td><td>22</td><td>20</td><td>15</td></tr>
<tr><td>高层</td><td>40</td><td>—</td><td>—</td><td>20</td><td>—</td><td>—</td></tr>
</table>

注：1. 开向敞开式外廊的户门至最近安全出口的最大直线距离可按本表的规定增加 5 m。

2. 直通疏散走道的户门至最近敞开楼梯间的直线距离，当户门位于两个楼梯间之间时，应按本表的规定减少 5 m；当户门位于袋形走道两侧或尽端时，应按本表的规定减少 2 m。

3. 住宅建筑内全部设置自动喷水灭火系统时，其安全疏散距离可按本表的规定增加 25%。

4. 跃廊式住宅的户门至最近安全出口的距离，应从户门算起，小楼梯的一段距离可按其水平投影长度的 1.50 倍计算。

2）楼梯间应在首层直通室外，或在首层采用扩大的封闭楼梯间或防烟楼梯间前室。层数不超过 4 层时，可将直通室外的门设置在离楼梯间不大于 15 m 处。

3）户内任一点至直通疏散走道的户门的直线距离不应大于表 2—1—3—8 规定的袋形走道两侧或尽端的疏散门至最近安全出口的最大直线距离。

（三）疏散宽度

（1）剧场、电影院、礼堂、体育馆等场所的疏散走道、疏散楼梯、疏散门、安全出口的各自总净宽度，应符合下列规定：

1）观众厅内疏散走道的净宽度应按每 100 人不小于 0.60 m 计算，且不应小于 1.00 m；边走道的净宽度不宜小于 0.80 m。布置疏散走道时，横走道之间的座位排数不宜超过 20 排；纵走道之间的座位数：剧场、电影院、礼堂等，每排不宜超过 22 个；体育馆，每排不宜超过 26 个；前后排座椅的排距不小于 0.90 m 时，可增加 1.0 倍，但不得超过 50 个；仅一侧有纵走道时，座位数应减少一半。

2）剧场、电影院、礼堂等场所供观众疏散的所有内门、外门、楼梯和走道的各自总净宽度，应根据疏散人数按每 100 人的最小疏散净宽度不小于表 2—1—3—9 的规定计算确定。

表 2—1—3—9　剧场、电影院、礼堂等场所每 100 人所需最小疏散净宽度　（单位：m/ 百人）

观众厅座位数（座）			≤ 2 500	≤ 1 200
耐火等级			一、二级	三级
疏散部位	门和走道	平坡地面	0.65	0.85
		阶梯地面	0.75	1.00
	楼梯		0.75	1.00

3）体育馆供观众疏散的所有内门、外门、楼梯和走道的各自总净宽度，应根据疏散人数按每 100 人的最小疏散净宽度不小于表 2—1—3—10 的规定计算确定。

表 2—1—3—10　体育馆每 100 人所需最小疏散净宽度　（单位：m/ 百人）

观众厅座位数范围（座）			3 000 ~ 5 000	5 001 ~ 10 000	10 001 ~ 20 000
疏散部位	门和走道	平坡地面	0.43	0.37	0.32
		阶梯地面	0.50	0.43	0.37
	楼梯		0.50	0.43	0.37

注：本表中对应较大座位数范围按规定计算的疏散总净宽度，不应小于对应相邻较小座位数范围按其最多座位数计算的疏散总净宽度。对于观众厅座位数少于 3 000 个的体育馆，计算供观众疏散的所有内门、外门、楼梯和走道的各自总净宽度时，每 100 人的最小疏散净宽度不应小于表 2—1—3—9 的规定。

4）有等场需要的入场门不应作为观众厅的疏散门。

（2）除剧场、电影院、礼堂、体育馆外的其他公共建筑，其房间疏散门、安全出口、疏散走道和疏散楼梯的各自总净宽度，应符合下列规定：

1）每层的房间疏散门、安全出口、疏散走道和疏散楼梯的各自总净宽度，应根据疏散人数按每 100 人的最小疏散净宽度不小于表 2—1—3—11 的规定计算确定。当每层疏散人数不等时，疏散楼梯的总净宽度可分层计算，地上建筑内下层楼梯的总净宽度应按该层及以上疏散人数最多一层的人数计算；地下建筑内上层楼梯的总净宽度应按该层及以下疏散人数最多一层的人数计算。

表 2—1—3—11 每层的房间疏散门、安全出口、疏散走道和疏散楼梯的每 100 人最小疏散净宽度 （单位：m/ 百人）

建筑层数		建筑的耐火等级		
		一、二级	三级	四级
地上楼层	1 ~ 2 层	0.65	0.75	1.00
	3 层	0.75	1.00	—
	≥ 4 层	1.00	1.25	—
地下楼层	与地面出入口地面的高差≤ 10 m	0.75	—	—
	与地面出入口地面的高差＞ 10 m	1.00	—	—

2）地下或半地下人员密集的厅、室和歌舞娱乐放映游艺场所，其房间疏散门、安全出口、疏散走道和疏散楼梯的各自总净宽度，应根据疏散人数按每 100 人不小于 1.00 m 计算确定。

3）首层外门的总净宽度应按该建筑疏散人数最多一层的人数计算确定，不供其他楼层人员疏散的外门，可按本层的疏散人数计算确定。

4）歌舞娱乐放映游艺场所中录像厅的疏散人数，应根据厅、室的建筑面积按不小于 1.0 人 /m^2 计算；其他歌舞娱乐放映游艺场所的疏散人数，应根据厅、室的建筑面积按不小于 0.5 人 /m^2 计算。

5）有固定座位的场所，其疏散人数可按实际座位数的 1.1 倍计算。

6）展览厅的疏散人数应根据展览厅的建筑面积和人员密度计算，展览厅内的人员密度不宜小于 0.75 人 /m^2。

7）商店的疏散人数应按每层营业厅的建筑面积乘以表 2—1—3—12 规定的人员密度计算。对于建材商店、家具和灯饰展示建筑，其人员密度可按表 2—1—3—12 规定值的 30% 确定。

表 2—1—3—12 商店营业厅内的人员密度 （单位：人 /m^2）

楼层位置	地下第二层	地下第一层	地上第一、二层	地上第三层	地上第四层及以上各层
人员密度	0.56	0.60	0.43 ~ 0.60	0.39 ~ 0.54	0.30 ~ 0.42

（3）住宅建筑的户门、安全出口、疏散走道和疏散楼梯的各自总净宽度应经计算确定，且户门和安全出口的净宽度不应小于 0.90 m，疏散走道、疏散楼梯和首层疏散外门的净宽度不应小于 1.10 m。建筑高度不大于 18 m 的住宅中一边设置栏杆的疏散楼梯，其净宽度不应小于 1.0 m。

（四）疏散楼梯间和疏散楼梯

（1）疏散楼梯间应符合下列规定：

1）楼梯间应能天然采光和自然通风，并宜靠外墙设置。靠外墙设置时，楼梯间、前室及合用前室外墙上的窗口与两侧门、窗、洞口最近边缘的水平距离不应小于 1.0 m。

2）楼梯间内不应设置烧水间、可燃材料储藏室、垃圾道。

3）楼梯间内不应有影响疏散的凸出物或其他障碍物。

4）封闭楼梯间、防烟楼梯间及其前室，不应设置卷帘。

5）楼梯间内不应设置甲、乙、丙类液体管道。

6）封闭楼梯间、防烟楼梯间及其前室内禁止穿过或设置可燃气体管道。敞开楼梯间内不应设置可燃气体管道，当住宅建筑的敞开楼梯间内确需设置可燃气体管道和可燃气体计量表时，应采用金属管和设置切断气源的阀门。

（2）封闭楼梯间除应符合疏散楼梯间的规定外，尚应符合下列规定：

1）不能自然通风或自然通风不能满足要求时，应设置机械加压送风系统或采用防烟楼梯间。

2）除楼梯间的出入口和外窗外，楼梯间的墙上不应开设其他门、窗、洞口。

3）高层建筑、人员密集的公共建筑、人员密集的多层丙类厂房、甲、乙类厂房，其封闭楼梯间的门应采用乙级防火门，并应向疏散方向开启；其他建筑，可采用双向弹簧门。

4）楼梯间的首层可将走道和门厅等包括在楼梯间内形成扩大的封闭楼梯间，但应采用乙级防火门等与其他走道和房间分隔。

（3）防烟楼梯间除应符合疏散楼梯间的规定外，尚应符合下列规定：

1）应设置防烟设施。

2）前室可与消防电梯间前室合用。

3）前室的使用面积：公共建筑、高层厂房（仓库），不应小于 6.0 m^2；住宅建筑，不应小于 4.5 m^2。与消防电梯间前室合用时，合用前室的使用面积：公共建筑、高层厂房（仓库），不应小于 10.0 m^2；住宅建筑，不应小于 6.0 m^2。

4）疏散走道通向前室以及前室通向楼梯间的门应采用乙级防火门。

5）除住宅建筑的楼梯间前室外，防烟楼梯间和前室内的墙上不应开设除疏散门和送风口外的其他门、窗、洞口。

6）楼梯间的首层可将走道和门厅等包括在楼梯间前室内形成扩大的前室，但应采用乙级防火门等与其他走道和房间分隔。

（4）除通向避难层错位的疏散楼梯外，建筑内的疏散楼梯间在各层的平面位置不应改变。除住宅建筑套内的自用楼梯外，地下或半地下建筑（室）的疏散楼梯间，应符合下列规定：

1）室内地面与室外出入口地坪高差大于 10 m 或 3 层及以上的地下、半地下建筑（室），其疏散楼梯应采用防烟楼梯间；其他地下或半地下建筑（室），其疏散楼梯应采用封闭楼梯间。

2）应在首层采用耐火极限不低于 2.00 h 的防火隔墙与其他部位分隔并应直通室外，确需在隔墙上开门时，应采用乙级防火门。

3）建筑的地下或半地下部分与地上部分不应共用楼梯间，确需共用楼梯间时，应在首层采用耐火极限不低于 2.00 h 的防火隔墙和乙级防火门将地下或半地下部分与地上部分的连通部位完全分隔，并应设置明显的标志。

（5）室外疏散楼梯应符合下列规定：

1）栏杆扶手的高度不应小于 1.10 m，楼梯的净宽度不应小于 0.90 m。

2）倾斜角度不应大于 45°。

3）梯段和平台均应采用不燃材料制作。平台的耐火极限不应低于 1.00 h，梯段的耐火极限不应低于 0.25 h。

4）通向室外楼梯的门应采用乙级防火门，并应向外开启。

5）除疏散门外，楼梯周围 2 m 内的墙面上不应设置门、窗、洞口。疏散门不应正对梯段。

（6）用作丁、戊类厂房内第二安全出口的楼梯可采用金属梯，但其净宽度不应小于 0.90 m，倾斜角度不应大于 45°。丁、戊类高层厂房，当每层工作平台上的人数不超过 2 人且各层工作平台上同时工作的人数总和不超过 10 人时，其疏散楼梯可采用敞开楼梯或利用净宽度不小于 0.90 m、倾斜角度不大于 60° 的金属梯。

（7）疏散走道在防火分区处应设置常开甲级防火门。

（8）建筑内的疏散门应符合下列规定：

1）民用建筑和厂房的疏散门，应采用向疏散方向开启的平开门，不应采用推拉门、卷帘门、吊门、转门和折叠门。除甲、乙类生产车间外，人数不超过 60 人且每樘门的平均疏散人数不超过 30 人的房间，其疏散门的开启方向不限。

2）仓库的疏散门应采用向疏散方向开启的平开门，但丙、丁、戊类仓库首层靠墙的外侧可采用推拉门或卷帘门。

3）开向疏散楼梯或疏散楼梯间的门，当其完全开启时，不应减少楼梯平台的有效宽度。

4）人员密集场所内平时需要控制人员随意出入的疏散门和设置门禁系统的住宅、宿舍、公寓建筑的外门，应保证火灾时不需使用钥匙等任何工具即能从内部易于打开，并应在显著位置设置具有使用提示的标识。

（五）避难层（间）

（1）建筑高度大于 100 m 的公共建筑，应设置避难层（间）。避难层（间）应符合下列规定：

1）第一个避难层（间）的楼地面至灭火救援场地地面的高度不应大于 50 m，两个避难层（间）之间的高度不宜大于 50 m。

2）通向避难层（间）的疏散楼梯应在避难层分隔、同层错位或上下层断开。

3）避难层（间）的净面积应能满足设计避难人数避难的要求，并宜按 5.0 人 /m^2 计算。

4）避难层可兼作设备层。设备管道宜集中布置，其中的易燃、可燃液体或气体管道应集中布置，设备管道区应采用耐火极限不低于 3.00 h 的防火隔墙与避难区分隔。管道井和设备间应采用耐火极限不低于 2.00 h 的防火隔墙与避难区分隔，管道井和设备间的门不应直接开向避难区；确需直接开向避难区时，与避难层区出入口的距离不应小于 5 m，且应采用甲级防火门。避难间内不应设置易燃、可燃液体或气体管道，不应开设除外窗、疏散门之外的其他开口。

5）避难层应设置消防电梯出口。

6）应设置消火栓和消防软管卷盘。

7）应设置消防专线电话和应急广播。

8）在避难层（间）进入楼梯间的入口处和疏散楼梯通向避难层（间）的出口处，应设置明显的指示标志。

9）应设置直接对外的可开启窗口或独立的机械防烟设施，外窗应采用乙级防火窗。

（2）高层病房楼应在二层及以上的病房楼层和洁净手术部设置避难间。避难间应符合下列规定：

1）避难间服务的护理单元不应超过 2 个，其净面积应按每个护理单元不小于 25.0 m^2 确定。

2）避难间兼作其他用途时，应保证人员的避难安全，且不得减少可供避难的净面积。

3）应靠近楼梯间，并应采用耐火极限不低于 2.00 h 的防火隔墙和甲级防火门与其他部位分隔。

4）应设置消防专线电话和消防应急广播。

5）避难间的入口处应设置明显的指示标志。

6）应设置直接对外的可开启窗口或独立的机械防烟设施，外窗应采用乙级防火窗。

（3）建筑高度大于 100 m 的住宅建筑应设置避难层，避难层的设置应符合《建筑设计防火规范》（GB 50016—2014）第 5.5.23 条有关避难层的要求。

（六）应急照明

（1）除建筑高度小于 27 m 的住宅建筑外，民用建筑、厂房和丙类仓库的下列部位应设置疏散照明：

1）封闭楼梯间、防烟楼梯间及其前室、消防电梯间的前室或合用前室、避难走道、避难层（间）；

2）观众厅、展览厅、多功能厅和建筑面积大于 200 m^2 的营业厅、餐厅、演播室等人员密集的场所；

3）建筑面积大于 100 m^2 的地下或半地下公共活动场所；

4）公共建筑内的疏散走道；

5）人员密集的厂房内的生产场所及疏散走道。

（2）建筑内疏散照明的地面最低水平照度应符合下列规定：

1）对于疏散走道，不应低于 1.0 lx。

2）对于人员密集场所、避难层（间），不应低于 3.0 lx；对于病房楼或手术部的避难间，不应低于 10.0 lx。

3）对于楼梯间、前室或合用前室、避难走道，不应低于 5.0 lx。

【考点六】室内装修【★★★】

（1）单层、多层民用建筑内部各部位装修材料的燃烧性能等级，不应低于表 2—1—3—13 的规定。

表 2—1—3—13　单层、多层民用建筑内部各部位装修材料的燃烧性能等级

序号	建筑物及场所	建筑规模、性质	装修材料燃烧性能等级							
			顶棚	墙面	地面	隔断	固定家具	装饰织物		其他装修装饰材料
								窗帘	帷幕	
1	候机楼的候机大厅、贵宾候机室、售票厅、商店、餐饮场所等	—	A	A	B_1	B_1	B_1	B_1	—	B_1
2	汽车站、火车站、轮船客运站的候车（船）室、商店、餐饮场所等	建筑面积＞10 000 m^2	A	A	B_1	B_1	B_1	B_1	—	B_2
		建筑面积≤10 000 m^2	A	B_1	B_1	B_1	B_1	B_1	—	B_2
3	观众厅、会议厅、多功能厅、等候厅等	每个厅建筑面积＞400 m^2	A	A	B_1	B_1	B_1	B_1	B_1	B_1
		每个厅建筑面积≤400 m^2	A	B_1	B_1	B_1	B_2	B_1	B_1	B_2
4	体育馆	＞3 000 座位	A	A	B_1	B_1	B_1	B_1	B_1	B_2
		≤3 000 座位	A	B_1	B_1	B_1	B_2	B_2	B_1	B_2

续表

序号	建筑物及场所	建筑规模、性质	装修材料燃烧性能等级							
			顶棚	墙面	地面	隔断	固定家具	装饰织物		其他装修装饰材料
								窗帘	帷幕	
5	商店的营业厅	每层建筑面积 > 1 500 m^2 或总建筑面积 > 3 000 m^2	A	B_1	B_1	B_1	B_1	B_1	—	B_2
		每层建筑面积 ≤ 1 500 m^2 或总建筑面积 ≤ 3 000 m^2	A	B_1	B_1	B_1	B_2	B_1	—	—
6	宾馆、饭店的客房及公共活动用房等	设置送回风道（管）的集中空调系统	A	B_1	B_1	B_1	B_2	B_2	—	B_2
		其他	B_1	B_1	B_2	B_2	B_2	B_2	—	—
7	养老院、托儿所、幼儿园的居住及活动场所	—	A	A	B_1	B_1	B_2	B_1	—	B_2
8	医院的病房区、诊所区、手术区	—	A	A	B_1	B_1	B_2	B_1	—	B_2
9	教学场所、教学实验场所	—	A	B_1	B_2	B_2	B_2	B_2	B_2	B_2
10	纪念馆、展览馆、博物馆、图书馆、档案馆、资料馆等的公众活动场所	—	A	B_1	B_1	B_1	B_2	B_1	—	B_2
11	存放文物、纪念展览物品、重要图书、档案、资料的场所	—	A	A	B_1	B_1	B_2	B_1	—	B_2
12	歌舞娱乐游艺场所	—	A	B_1	B_1	B_1	B_1	B_1	B_1	B_1
13	A、B级电子信息系统机房及装有重要机器、仪器的房间	—	A	A	B_1	B_1	B_1	B_1	B_1	B_1
14	餐饮场所	营业面积 > 100 m^2	A	B_1	B_1	B_1	B_2	B_1	—	B_2
		营业面积 ≤ 100 m^2	B_1	B_1	B_1	B_2	B_2	B_2	—	B_2
15	办公场所	设置送回风道（管）的集中空调系统	A	B_1	B_1	B_1	B_2	B_2	—	B_2
		其他	B_1	B_1	B_2	B_2	B_2	—	—	—
16	其他公共场所	—	B_1	B_1	B_2	B_2	B_2	—	—	—
17	住宅	—	B_1	B_1	B_1	B_1	B_2	B_2	—	B_2

（2）高层民用建筑内部各部位装修材料的燃烧性能等级，不应低于表 2—1—3—14 的规定。

表 2—1—3—14　高层民用建筑内部各部位装修材料的燃烧性能等级

序号	建筑物及场所	建筑规模、性质	装修材料燃烧性能等级									
			顶棚	墙面	地面	隔断	固定家具	装饰织物				其他装修装饰材料
								窗帘	帷幕	床罩	家具包布	
1	候机楼的候机大厅、贵宾候机室、售票厅、商店、餐饮场所等	—	A	A	B_1	B_1	B_1	B_1	—	—	—	B_1
2	汽车站、火车站、轮船客运站的候车（船）室、商店、餐饮场所等	建筑面积＞10 000 m^2	A	A	B_1	B_1	B_1	B_1	—	—	—	B_1
		建筑面积≤10 000 m^2	A	B_1	B_1	B_1	B_1	B_1	—	—	—	B_2
3	观众厅、会议厅、多功能厅、等候厅等	每个厅建筑面积＞400 m^2	A	A	B_1	B_1	B_1	B_1	B_1	—	B_1	B_1
		每个厅建筑面积≤400 m^2	A	B_1	B_1	B_1	B_2	B_1	B_1	—	B_1	B_1
4	商店的营业厅	每层建筑面积＞1 500 m^2 或总建筑面积＞3 000 m^2	A	B_1	B_1	B_1	B_1	B_1	B_1	—	B_2	B_1
		每层建筑面积≤1 500 m^2 或总建筑面积≤3 000 m^2	A	B_1	B_1	B_1	B_1	B_1	B_2	—	B_2	B_2
5	宾馆、饭店的客房及公共活动用房等	一类建筑	A	B_1	B_1	B_1	B_2	B_1	—	B_1	B_2	B_1
		二类建筑	A	B_1	B_1	B_1	B_2	B_2	—	B_2	B_2	B_2
6	养老院、托儿所、幼儿园的居住及活动场所	—	A	A	B_1	B_1	B_2	B_1	—	B_2	B_2	B_1
7	医院的病房区、诊所区、手术区	—	A	A	B_1	B_1	B_2	B_1	B_1	—	B_2	B_1
8	教学场所、教学实验场所	—	A	B_1	B_2	B_2	B_2	B_1	B_1	—	B_1	B_2
9	纪念馆、展览馆、博物馆、图书馆、档案馆、资料馆等的公众活动场所	一类建筑	A	B_1	B_1	B_1	B_2	B_1	B_1		B_1	B_1
		二类建筑	A	B_1	B_1	B_1	B_2	B_1	B_2		B_2	B_2
10	存放文物、纪念展览物品、重要图书、档案、资料的场所	—	A	A	B_1	B_1	B_2	B_1	—	—	B_1	B_2

续表

序号	建筑物及场所	建筑规模、性质	装修材料燃烧性能等级									
			顶棚	墙面	地面	隔断	固定家具	装饰织物				其他装修装饰材料
								窗帘	帷幕	床罩	家具包布	
11	歌舞娱乐游艺场所	—	A	B_1	B_1	B_1	B_1	B_1	B_1	B_1	B_1	B_1
12	A、B级电子信息系统机房及装有重要机器、仪器的房间	—	A	A	B_1	B_1	B_1	B_1	B_1	—	B_1	B_1
13	餐饮场所	—	A	B_1	B_1	B_1	B_2	B_1	—	—	B_1	B_2
14	办公场所	一类建筑	A	B_1	B_1	B_1	B_2	B_1	B_1	—	B_1	B_1
		二类建筑	A	B_1	B_1	B_1	B_2	B_1	B_2	—	B_2	B_2
15	电信楼、财贸金融楼、邮政楼、广播电视楼、电力调度楼、防灾指挥调度楼	一类建筑	A	A	B_1	B_1	B_1	B_1	B_1	—	B_2	B_1
		二类建筑	A	B_1	B_2	B_2	B_2	B_1	B_2	—	B_2	B_2
16	其他公共场所	—	A	B_1	B_1	B_1	B_2	B_2	B_2	B_2	B_2	B_2
17	住宅	—	A	B_1	B_1	B_1	B_2	B_1	—	B_1	B_2	B_1

（3）地下民用建筑内部各部位装修材料的燃烧性能等级，不应低于表2—1—3—15的规定。

表2—1—3—15　地下民用建筑内部各部位装修材料的燃烧性能等级

序号	建筑物及场所	装修材料燃烧性能等级						
		顶棚	墙面	地面	隔断	固定家具	装饰织物	其他装修装饰材料
1	观众厅、会议厅、多功能厅、等候厅等商店的营业厅	A	A	A	B_1	B_1	B_1	B_2
2	宾馆、饭店的客房及公共活动用房等	A	B_1	B_1	B_1	B_1	B_1	B_2
3	医院的诊疗区、手术区	A	A	B_1	B_1	B_1	B_1	B_2
4	教学场所、教学实验场所	A	A	B_1	B_2	B_2	B_1	B_2
5	纪念馆、展览馆、博物馆、图书馆、档案馆、资料馆等的公众活动场所	A	A	B_1	B_1	B_1	B_1	B_1
6	存放文物、纪念展览物品、重要图书、档案、资料的场所	A	A	A	A	A	B_1	B_1

续表

序号	建筑物及场所	装修材料燃烧性能等级						
		顶棚	墙面	地面	隔断	固定家具	装饰织物	其他装修装饰材料
7	歌舞娱乐游艺场所	A	A	B_1	B_1	B_1	B_1	B_1
8	A、B级电子信息系统机房及装有重要机器、仪器的房间	A	A	B_1	B_1	B_1	B_1	B_1
9	餐饮场所	A	A	A	B_1	B_1	B_1	B_2
10	办公场所	A	B_1	B_1	B_1	B_1	B_2	B_2
11	其他公共场所	A	B_1	B_1	B_2	B_2	B_2	B_2
12	汽车库、修车库	A	A	B_1	A	A	—	—

【考点七】建筑保温和外墙装饰【★★★】

（1）建筑外墙采用内保温系统时，保温系统应符合下列规定：

1）对于人员密集场所，用火、燃油、燃气等具有火灾危险性的场所以及各类建筑内的疏散楼梯间、避难走道、避难间、避难层等场所或部位，应采用燃烧性能等级为A级的保温材料。

2）对于其他场所，应采用低烟、低毒且燃烧性能等级不低于B_1级的保温材料。

3）保温系统应采用不燃材料做防护层。采用燃烧性能等级为B_1级的保温材料时，防护层的厚度不应小于10 mm。

（2）设置人员密集场所的建筑，其外墙外保温材料的燃烧性能等级应为A级。

（3）与基层墙体、装饰层之间无空腔的建筑外墙外保温系统，其保温材料应符合下列规定：

1）住宅建筑：①建筑高度大于100 m时，保温材料的燃烧性能等级应为A级；②建筑高度大于27 m但不大于100 m时，保温材料的燃烧性能等级不应低于B_1级；③建筑高度不大于27 m时，保温材料的燃烧性能等级不应低于B_2级。

2）除住宅建筑和设置人员密集场所的建筑外，其他建筑：①建筑高度大于50 m时，保温材料的燃烧性能等级应为A级；②建筑高度大于24 m，但不大于50 m时，保温材料的燃烧性能等级不应低于B_1级；③建筑高度不大于24 m时，保温材料的燃烧性能等级不应低于B_2级。

（4）除设置人员密集场所的建筑外，与基层墙体、装饰层之间有空腔的建筑外墙外保温系统，其保温材料应符合下列规定：

1）建筑高度大于24 m时，保温材料的燃烧性能等级应为A级。

2）建筑高度不大于24 m时，保温材料的燃烧性能等级不应低于B_1级。

【考点八】灭火救援设施【★★★】

（一）消防车道

高层民用建筑，超过3 000个座位的体育馆，超过2 000个座位的会堂，占地面积大于

3 000 m^2 的商店建筑、展览建筑等单、多层公共建筑应设置环形消防车道，确有困难时，可沿建筑的两个长边设置消防车道；对于高层住宅建筑和山坡地或河道边临空建造的高层民用建筑，可沿建筑的一个长边设置消防车道，但该长边所在建筑立面应为消防车登高操作面。

（二）救援场地和入口

（1）高层建筑应至少沿一个长边或周边长度的 1/4 且不小于一个长边长度的底边连续布置消防车登高操作场地，该范围内的裙房进深不应大于 4 m。建筑高度不大于 50 m 的建筑，连续布置消防车登高操作场地确有困难时，可间隔布置，但间隔距离不宜大于 30 m，且消防车登高操作场地的总长度仍应符合上述规定。

（2）消防车登高操作场地应符合下列规定：

1）场地与厂房、仓库、民用建筑之间不应设置妨碍消防车操作的树木、架空管线等障碍物和车库出入口。

2）场地的长度和宽度分别不应小于 15 m 和 10 m。对于建筑高度大于 50 m 的建筑，场地的长度和宽度均不应小于 20 m 和 10 m。

3）场地及其下面的建筑结构、管道和暗沟等，应能承受重型消防车的压力。

4）场地应与消防车道连通，场地靠建筑外墙一侧的边缘距离建筑外墙不宜小于 5 m，且不应大于 10 m，场地的坡度不宜大于 3%。

（3）建筑物与消防车登高操作场地相对应的范围内，应设置直通室外的楼梯或直通楼梯间的入口。

（4）厂房、仓库、公共建筑的外墙应在每层的适当位置设置可供消防救援人员进入的窗口。

（三）消防电梯

（1）下列建筑应设置消防电梯：

1）建筑高度大于 33 m 的住宅建筑。

2）一类高层公共建筑和建筑高度大于 32 m 的二类高层公共建筑。

3）设置消防电梯的建筑的地下或半地下室，埋深大于 10 m 且总建筑面积大于 3 000 m^2 的其他地下或半地下建筑（室）。

（2）消防电梯应分别设置在不同防火分区内，且每个防火分区不应少于 1 台。

（3）除设置在仓库连廊、冷库穿堂或谷物筒仓工作塔内的消防电梯外，消防电梯应设置前室，并应符合下列规定：

1）前室宜靠外墙设置，并应在首层直通室外或经过长度不大于 30 m 的通道通向室外。

2）前室的使用面积不应小于 6.0 m^2；与防烟楼梯间合用的前室，公共建筑不应小于 10 m^2，住宅建筑不应小于 6 m^2。

3）除前室的出入口、前室内设置的正压送风口和《建筑设计防火规范》（GB 50016—2014）第 5.5.27 条规定的户门外，前室内不应开设其他门、窗、洞口。

4）前室或合用前室的门应采用乙级防火门，不应设置卷帘。

（4）消防电梯井、机房与相邻电梯井、机房之间应设置耐火极限不低于 2.00 h 的防火隔墙，隔墙上的门应采用甲级防火门。

（四）直升机停机坪

《建筑设计防火规范》（GB 50016—2014）第 7.4.1 条规定，建筑高度大于 100 m 且标准层建筑面积大于 2 000 m^2 的公共建筑，宜在屋顶设置直升机停机坪或供直升机救助的设施。

【考点九】消防设施的设置【★★★★】

（一）一般规定

（1）城镇（包括居住医、商业区、开发区、工业区等）应沿可通行消防车的街道设置市政消火栓系统。民用建筑、厂房、仓库、储罐（区）和堆场周围应设置室外消火栓系统。用于消防救援和消防车停靠的屋面上，应设置室外消火栓系统。

注：耐火等级不低于二级且建筑体积不大于 3 000 m^3 的戊类厂房，居住区人数不超过 500 人且建筑层数不超过两层的居住区，可不设置室外消火栓系统。

（2）自动喷水灭火系统、水喷雾灭火系统、泡沫灭火系统和固定消防炮灭火系统等系统以及下列建筑的室内消火栓给水系统应设置消防水泵接合器：

1）超过 5 层的公共建筑；

2）超过 4 层的厂房或仓库；

3）其他高层建筑；

4）超过 2 层或建筑面积大于 10 000 m^2 的地下建筑（室）。

（3）消防水泵房的设置应符合下列规定：

1）单独建造的消防水泵房，其耐火等级不应低于二级；

2）附设在建筑内的消防水泵房，不应设置在地下三层及以下或室内地面与室外出入口地坪高差大于 10 m 的地下楼层；

3）疏散门应直通室外或安全出口。

（4）设置火灾自动报警系统和需要联动控制的消防设备的建筑（群）应设置消防控制室。消防控制室的设置应符合下列规定：

1）单独建造的消防控制室，其耐火等级不应低于二级；

2）附设在建筑内的消防控制室，宜设置在建筑内首层或地下一层，并宜布置在靠外墙部位；

3）不应设置在电磁场干扰较强及其他可能影响消防控制设备正常工作的房间附近；

4）疏散门应直通室外或安全出口；

5）消防控制室内的设备构成及其对建筑消防设施的控制与显示功能以及向远程监控系统传输相关信息的功能，应符合《火灾自动报警系统设计规范》（GB 50116—2013）和《消防控制室通用技术要求》（GB 25506—2010）的规定。

（5）消防水泵房和消防控制室应采取防水淹的技术措施。

（二）室内消火栓系统

下列建筑或场所应设置室内消火栓系统：

（1）高层公共建筑和建筑高度大于 21 m 的住宅建筑；

注：建筑高度不大于 27 m 的住宅建筑，设置室内消火栓系统确有困难时，可只设置干式消防竖管和不带消火栓箱的 *DN*65 mm 的室内消火栓。

（2）体积大于 5 000 m^3 的车站、码头、机场的候车（船、机）建筑、展览建筑、商店建筑、旅馆建筑、医疗建筑和图书馆建筑等单、多层建筑；

（3）特等、甲等剧场，超过 800 个座位的其他等级的剧场和电影院等以及超过 1 200 个座位的礼堂、体育馆等单、多层建筑；

（4）建筑高度大于 15 m 或体积大于 10 000 m^3 的办公建筑、教学建筑和其他单、多层民用建筑。

（三）自动灭火系统

（1）除《建筑设计防火规范》（GB 50016—2014）另有规定和不宜用水保护或灭火的场所外，下列高层民用建筑或场所应设置自动灭火系统，并宜采用自动喷水灭火系统：

1）一类高层公共建筑（除游泳池、溜冰场外）及其地下、半地下室；

2）二类高层公共建筑及其地下、半地下室的公共活动用房、走道、办公室和旅馆的客房、可燃物品库房、自动扶梯底部；

3）高层民用建筑内的歌舞娱乐放映游艺场所；

4）建筑高度大于 100 m 的住宅建筑。

（2）除《建筑设计防火规范》（GB 50016—2014）另有规定和不宜用水保护或灭火的场所外，下列单、多层民用建筑或场所应设置自动灭火系统，并宜采用自动喷水灭火系统：

1）特等、甲等剧场，超过 1 500 个座位的其他等级的剧场，超过 2 000 个座位的会堂或礼堂，超过 3 000 个座位的体育馆，超过 5 000 人的体育场的室内人员休息室与器材间等；

2）任一层建筑面积大于 1 500 m^2 或总建筑面积大于 3 000 m^2 的展览、商店、餐饮和旅馆建筑以及医院中同样建筑规模的病房楼、门诊楼和手术部；

3）设置送回风道（管）的集中空调系统且总建筑面积大于 3 000 m^2 的办公建筑等；

4）藏书量超过 50 万册的图书馆；

5）大、中型幼儿园，总建筑面积大于 500 m^2 的老年人建筑；

6）总建筑面积大于 500 m^2 的地下或半地下商店；

7）设置在地下或半地下或地上四层及以上楼层的歌舞娱乐放映游艺场所（除游泳场所外），设置在首层、二层和三层且任一层建筑面积大于 300 m^2 的地上歌舞娱乐放映游艺场所（除游泳场所外）。

（3）根据《建筑设计防火规范》（GB 50016—2014）要求难以设置自动喷水火火系统的展览厅、观众厅等人员密集的场所和高大空间场所，应设置其他自动灭火系统，并宜采用固定消防炮等灭火系统。

（4）下列建筑或部位应设置雨淋自动喷水灭火系统：

1）特等、甲等剧场、超过 1 500 个座位的其他等级剧场和超过 2 000 个座位的会堂或礼堂的舞台葡萄架下部；

2）建筑面积不小于 400 m^2 的演播室，建筑面积不小于 500 m^2 的电影摄影棚。

（5）下列场所应设置自动灭火系统，并宜采用水喷雾灭火系统：

1）单台容量在 40 MV · A 及以上的厂矿企业油浸变压器，单台容量在 90 MV · A 及以上的电厂油浸变压器，单台容量在 125 MV · A 及以上的独立变电站油浸变压器；

2）飞机发动机试验台的试车部位；

3）充可燃油并设置在高层民用建筑内的高压电容器和多油开关室。

注：设置在室内的油浸变压器、充可燃油的高压电容器和多油开关室，可采用细水雾灭火系统。

（6）下列场所应设置自动灭火系统，并宜采用气体灭火系统：

1）国家、省级或人口超过100万的城市广播电视发射塔内的微波机房、分米波机房、米波机房、变配电室和不间断电源（UPS）室；

2）国际电信局、大区中心、省中心和一万路以上的地区中心内的长途程控交换机房、控制室和信令转接点室；

3）两万线以上的市话汇接局和六万门以上的市话端局内的程控交换机房、控制室和信令转接点室；

4）中央及省级公安、防灾和网局级及以上的电力等调度指挥中心内的通信机房和控制室；

5）主机房建筑面积不小于140 m^2 的电子信息系统机房内的主机房和基本工作间的已记录磁（纸）介质库；

6）中央和省级广播电视中心内建筑面积不小于120 m^2 的音像制品库房；

7）国家、省级或藏书量超过100万册的图书馆内的特藏库，中央和省级档案馆内的珍藏库和非纸质档案库，大、中型博物馆内的珍品库房，一级纸绢质文物的陈列室；

8）其他特殊重要设备室。

注：1. 本条第1）、4）、5）、8）款规定的部位，可采用细水雾灭火系统。

2. 当有备用主机和备用已记录磁（纸）介质，且设置在不同建筑内或同一建筑内的不同防火分区内时，本条第5）款规定的部位可采用预作用自动喷水灭火系统。

（四）火灾自动报警系统

（1）下列建筑或场所应设置火灾自动报警系统：

1）任一层建筑面积大于1 500 m^2 或总建筑面积大于3 000 m^2 的商店、展览、财贸金融、客运和货运等类似用途的建筑，总建筑面积大于500 m^2 的地下或半地下商店；

2）图书或文物的珍藏库，每座藏书超过50万册的图书馆，重要的档案馆；

3）地市级及以上广播电视建筑、邮政建筑、电信建筑，城市或区域性电力、交通和防灾等指挥调度建筑；

4）特等、甲等剧场，座位数超过1 500个的其他等级的剧场或电影院，座位数超过2 000个的会堂或礼堂，座位数超过3 000个的体育馆；

5）大、中型幼儿园的儿童用房等场所，老年人建筑，任一层建筑面积大于1 500 m^2 或总建筑面积大于3 000 m^2 的疗养院的病房楼、旅馆建筑和其他儿童活动场所，不少于200床位的医院门诊楼、病房楼和手术部等；

6）歌舞娱乐放映游艺场所；

7）净高大于2.6 m且可燃物较多的技术夹层，净高大于0.8 m且有可燃物的闷顶或吊顶内；

8）电子信息系统的主机房及其控制室、记录介质库，特殊贵重或火灾危险性大的机器、仪表、仪器设备室、贵重物品库房；

9）二类高层公共建筑内建筑面积大于50 m^2 的可燃物品库房和建筑面积大于500 m^2 的营业厅；

10）其他一类高层公共建筑；

11）设置机械排烟、防烟系统、雨淋或预作用自动喷水灭火系统、固定消防水炮灭火系统、气体灭火系统等需与火灾自动报警系统联锁动作的场所或部位。

（2）建筑内可能散发可燃气体、可燃蒸气的场所应设置可燃气体报警装置。

（五）防烟和排烟设施

（1）建筑的下列场所或部位应设置防烟设施：

1）防烟楼梯间及其前室；

2）消防电梯间前室或合用前室；

3）避难走道的前室、避难层（间）。

建筑高度不大于 50 m 的公共建筑、厂房、仓库和建筑高度不大于 100 m 的住宅建筑，当其防烟楼梯间的前室或合用前室符合下列条件之一时，楼梯间可不设置防烟系统：

1）前室或合用前室采用敞开的阳台、凹廊；

2）前室或合用前室具有不同朝向的可开启外窗，且可开启外窗的面积满足自然排烟口的面积要求。

（2）民用建筑的下列场所或部位应设置排烟设施：

1）设置在一、二、三层且房间建筑面积大于 100 m^2 的歌舞娱乐放映游艺场所，设置在四层及以上楼层、地下或半地下的歌舞娱乐放映游艺场所；

2）中庭；

3）公共建筑内建筑面积大于 100 m^2 且经常有人停留的地上房间；

4）公共建筑内建筑面积大于 300 m^2 且可燃物较多的地上房间；

5）建筑内长度大于 20 m 的疏散走道。

（3）地下或半地下建筑（室）、地上建筑内的无窗房间，当总建筑面积大于 200 m^2 或一个房间建筑面积大于 50 m^2，且经常有人停留或可燃物较多时，应设置排烟设施。

第四章　储罐案例分析

【考点一】一般规定【★★】

（1）甲、乙、丙类液体储罐区，液化石油气储罐区，可燃、助燃气体储罐区和可燃材料堆场等，应布置在城市（区域）的边缘或相对独立的安全地带，并宜布置在城市（区域）全年最小频率风向的上风侧。甲、乙、丙类液体储罐（区）宜布置在地势较低的地带。当布置在地势较高的地带时，应采取安全防护设施。液化石油气储罐（区）宜布置在地势平坦、开阔等不易积存液化石油气的地带。

（2）桶装、瓶装甲类液体不应露天存放。

（3）液化石油气储罐组或储罐区的四周应设置高度不小于 1.0 m 的不燃性实体防护墙。

【考点二】防火间距【★★】

（一）甲、乙、丙类液体储罐（区）的防火间距

（1）甲、乙、丙类液体储罐（区）和乙、丙类液体桶装堆场与其他建筑的防火间距，不应小于表 2—1—4—1 的规定。

表 2—1—4—1　　甲、乙、丙类液体储罐（区），乙、丙类液体桶装堆场与其他建筑的防火间距　（单位：m）

类别	一个罐区或堆场的总容量 V（m^3）	建筑物				室外变、配电站
		一、二级		三级	四级	
		高层民用建筑	裙房，其他建筑			
甲、乙类液体储罐（区）	$1 \leqslant V < 50$	40	12	15	20	30
	$50 \leqslant V < 200$	50	15	20	25	35
	$200 \leqslant V < 1\,000$	60	20	25	30	40
	$1\,000 \leqslant V < 5\,000$	70	25	30	40	50
丙类液体储罐（区）	$5 \leqslant V < 250$	40	12	15	20	24
	$250 \leqslant V < 1\,000$	50	15	20	25	28
	$1\,000 \leqslant V < 5\,000$	60	20	25	30	32
	$5\,000 \leqslant V < 25\,000$	70	25	30	40	40

注：1. 当甲、乙类液体储罐和丙类液体储罐布置在同一储罐区时，罐区的总容量可按 1 m^3 甲、乙类液体相当于 5 m^3 丙类液体折算。

2. 储罐防火堤外侧基脚线至相邻建筑的距离不应小于 10 m。

3. 甲、乙、丙类液体的固定顶储罐区或半露天堆场，乙、丙类液体桶装堆场与甲类厂房（仓库）、民用建筑的防火间距，应按本表的规定增加 25%，且甲、乙类液体的固定顶储罐区或半露天堆场，乙、丙类液体桶装堆场与甲类厂房（仓库），裙房，单、多层民用建筑的防火间距不应小于 25 m，与明火或散发火花地点的防火间距应按本表有关四级耐火等级建筑物的规定增加 25%。

4. 浮顶储罐区或闪点大于 120℃的液体储罐区与其他建筑的防火间距，可按本表的规定减少 25%。

5. 当数个储罐区布置在同一库区内时，储罐区之间的防火间距不应小于本表相应容量的储罐区与四级耐火等级建筑物防火间距的较大值。

6. 直埋地下的甲、乙、丙类液体卧式罐，当单罐容量不大于 50 m^3、总容量不大于 200 m^3 时，与建筑物的防火间距可按本表规定减少 50%。

7. 室外变、配电站指电力系统电压为 35 ~ 500 kV 且每台变压器容量不小于 10 MV · A 的室外变、配电站和工业企业的变压器总油量大于 5 t 的室外降压变电站。

（2）甲、乙、丙类液体储罐之间的防火间距不应小于表 2—1—4—2 的规定。

表 2—1—4—2　　甲、乙、丙类液体储罐之间的防火间距　　（单位：m）

<table>
<tr><th colspan="3" rowspan="2">类别</th><th colspan="3">固定顶储罐</th><th rowspan="2">浮顶储罐或设置充氮保护设备的储罐</th><th rowspan="2">卧式储罐</th></tr>
<tr><th>地上式</th><th>半地下式</th><th>地下式</th></tr>
<tr><td rowspan="2">甲、乙类液体储罐</td><td rowspan="3">单罐容量 V（m^3）</td><td>$V \leqslant 1\ 000$</td><td>0.75 D</td><td rowspan="2">0.5 D</td><td rowspan="2">0.40 D</td><td rowspan="2">0.4 D</td><td rowspan="3">≥ 0.8 m</td></tr>
<tr><td>$V > 1\ 000$</td><td>0.6 D</td></tr>
<tr><td>丙类液体储罐</td><td>不限</td><td>0.4 D</td><td>不限</td><td>不限</td><td>—</td></tr>
</table>

注：1. D 为相邻较大立式储罐的直径（m），矩形储罐的直径为长边与短边之和的一半。

2. 不同液体、不同形式储罐之间的防火间距不应小于本表规定的较大值。

3. 两排卧式储罐之间的防火间距不应小于 3 m。

4. 当单罐容量不大于 1 000 m^3 且采用固定冷却系统时，甲、乙类液体的地上式固定顶储罐之间的防火间距不应小于 0.6 D。

5. 地上式储罐同时设置液下喷射泡沫灭火系统、固定冷却水系统和扑救防火堤内液体火灾的泡沫灭火设施时，储罐之间的防火间距可适当减小，但不宜小于 0.4 D。

6. 闪点大于 120℃的液体，当单罐容量大于 1 000 m^3 时，储罐之间的防火间距不应小于 5 m；当单罐容量不大于 1 000 m^3 时，储罐之间的防火间距。

（3）甲、乙、丙类液体储罐成组布置时，应符合下列规定：

1）组内储罐的单罐容量和总容量不应大于表 2—1—4—3 的规定。

表 2—1—4—3　　甲、乙、丙类液体储罐分组布置的最大容量　　（单位：m^3）

类别	单罐最大容量	一组罐最大容量
甲、乙类液体	200	1 000
丙类液体	500	3 000

2）组内储罐的布置不应超过两排。甲、乙类液体立式储罐之间的防火间距不应小于 2 m，卧式储罐之间的防火间距不应小于 0.8 m；丙类液体储罐之间的防火间距不限。

3）储罐组之间的防火间距应根据组内储罐的形式和总容量折算为相同类别的标准单罐，按《建筑设计防火规范》（GB 50016—2014）第 4.2.2 条的规定确定。

（4）甲、乙、丙类液体的地上式、半地下式储罐或储罐组，其四周应设置不燃性防火堤。防火堤的设置应符合下列规定：

1）防火堤内的储罐布置不宜超过 2 排，单罐容量不大于 1 000 m^3 且闪点大于 120℃的液体储罐不宜超过 4 排。

2）防火堤的有效容量不应小于其中最大储罐的容量。对于浮顶罐，防火堤的有效容量可为其中最大储罐容量的一半。

3）防火堤内侧基脚线至立式储罐外壁的水平距离不应小于罐壁高度的一半。防火堤内侧基脚线至卧式储罐的水平距离不应小于 3 m。

4）防火堤的设计高度应比计算高度高出 0.2 m，且应为 1.0 ~ 2.2 m，在防火堤的适当位置应设置便于灭火救援人员进出防火堤的踏步。

5）沸溢性油品的地上式、半地下式储罐，每个储罐均应设置一个防火堤或防火隔堤。

6）含油污水排水管应在防火堤的出口处设置水封设施，雨水排水管应设置阀门等封闭、隔离装置。

（二）可燃、助燃气体储罐（区）的防火间距

（1）可燃气体储罐与建筑物、储罐、堆场等的防火间距应符合下列规定：

1）湿式可燃气体储罐与建筑物、储罐、堆场等的防火间距不应小于表2—1—4—4的规定。

表2—1—4—4 湿式可燃气体储罐与建筑物、储罐、堆场等的防火间距 （单位：m）

名称		湿式可燃气体储罐（总容积 V，m^3）				
		$V<1\,000$	$1\,000 \leqslant V < 10\,000$	$10\,000 \leqslant V < 50\,000$	$50\,000 \leqslant V < 100\,000$	$100\,000 \leqslant V < 300\,000$
甲类仓库，甲、乙、丙类液体储罐，可燃材料堆场，室外变、配电站，明火或散发火花的地点		20	25	30	35	40
高层民用建筑		25	30	35	40	45
裙房，单、多层民用建筑		18	20	25	30	35
其他建筑	一、二级	12	15	20	25	30
	三级	15	20	25	30	35
	四级	20	25	30	35	40

注：固定容积可燃气体储罐的总容积按储罐几何容积（m^3）和设计储存压力（绝对压力，10^5Pa）的乘积计算。

2）固定容积的可燃气体储罐与建筑物、储罐、堆场等的防火间距不应小于表2—1—4—4的规定。

3）干式可燃气体储罐与建筑物、储罐、堆场等的防火间距：当可燃气体的密度比空气大时，应按表2—1—4—4的规定增加25%；当可燃气体的密度比空气小时，可按表2—1—4—4的规定确定。

4）湿式或干式可燃气体储罐的水封井、油泵房和电梯间等附属设施与该储罐的防火间距，可按工艺要求布置。

5）容积不大于20 m^3 的可燃气体储罐与其使用厂房的防火间距不限。

（2）可燃气体储罐（区）之间的防火间距应符合下列规定：

1）湿式可燃气体储罐或干式可燃气体储罐之间及湿式与干式可燃气体储罐的防火间距，不应小于相邻较大罐直径的1/2。

2）固定容积的可燃气体储罐之间的防火间距不应小于相邻较大罐直径的2/3。

3）固定容积的可燃气体储罐与湿式或干式可燃气体储罐的防火间距，不应小于相邻较大罐直径的1/2。

4）数个固定容积的可燃气体储罐的总容积大于200 000 m^3 时，应分组布置。卧式储罐组之间的防火间距不应小于相邻较大罐长度的一半；球形储罐组之间的防火间距不应小于相邻较大罐直径，且不应小于 20 m。

（3）氧气储罐与建筑物、储罐、堆场等的防火间距应符合下列规定：

1）湿式氧气储罐与建筑物、储罐、堆场等的防火间距不应小于表 2—1—4—5 的规定。

表 2—1—4—5 湿式氧气储罐与建筑物、储罐、堆场等的防火间距 （单位：m）

名称		湿式氧气储罐（总容积 V，m^3）		
		$V \leqslant 1\,000$	$1\,000 < V \leqslant 50\,000$	$V > 50\,000$
明火或散发火花地点		25	30	35
甲、乙、丙类液体储罐，可燃材料堆场，甲类仓库，室外变、配电站		20	25	30
民用建筑		18	20	25
其他建筑	一、二级	10	12	14
	三级	12	14	16
	四级	14	16	18

注：固定容积氧气储罐的总容积按储罐几何容积（m^3）和设计储存压力（绝对压力，10^5Pa）的乘积计算。

2）氧气储罐之间的防火间距不应小于相邻较大罐直径的 1/2。

3）氧气储罐与可燃气体储罐的防火间距不应小于相邻较大罐的直径。

4）固定容积的氧气储罐与建筑物、储罐、堆场等的防火间距不应小于表 2—1—4—5 的规定。

5）氧气储罐与其制氧厂房的防火间距可按工艺布置要求确定。

6）容积不大于 50 m^3 的氧气储罐与其使用厂房的防火间距不限。

（4）液化天然气气化站的液化天然气储罐（区）与站外建筑等的防火间距不应小于表 2—1—4—6 的规定，与表 2—1—4—6 未规定的其他建筑的防火间距，应符合《城镇燃气设计规范》（GB 50028—2006）的规定。

表 2—1—4—6 液化天然气气化站的液化天然气储罐（区）与站外建筑等的防火间距 （单位：m）

名称	液化天然气储罐（区）（总容积 V，m^3）							集中放散装置的天然气放散总管
	$V \leqslant 10$	$10 < V \leqslant 30$	$30 < V \leqslant 50$	$50 < V \leqslant 200$	$200 < V \leqslant 500$	$500 < V \leqslant 1\,000$	$1\,000 < V \leqslant 2\,000$	
单罐容积 V（m^3）	$V \leqslant 10$	$V \leqslant 30$	$V \leqslant 50$	$V \leqslant 200$	$V \leqslant 500$	$V \leqslant 1\,000$	$V \leqslant 2\,000$	
居住区、村镇和重要公共建筑（最外侧建筑物的外墙）	30	35	45	50	70	90	110	45
工业企业（最外侧建筑物的外墙）	22	25	27	30	35	40	50	20

续表

名称		液化天然气储罐（区）（总容积 V，m^3）							集中放散装置的天然气放散总管
		$V \leq 10$	$10 < V \leq 30$	$30 < V \leq 50$	$50 < V \leq 200$	$200 < V \leq 500$	$500 < V \leq 1\ 000$	$1\ 000 < V \leq 2\ 000$	
单罐容积 V（m^3）		$V \leq 10$	$V \leq 30$	$V \leq 50$	$V \leq 200$	$V \leq 500$	$V \leq 1\ 000$	$V \leq 2\ 000$	
明火或散发火花地点，室外变、配电站		30	35	45	50	55	60	70	30
其他民用建筑，甲、乙类液体储罐，甲、乙类仓库，甲、乙类厂房，秸秆、芦苇、打包废纸等材料堆场		27	32	40	45	50	55	65	25
丙类液体储罐，可燃气体储罐，丙、丁类厂房，丙、丁类仓库		25	27	32	35	40	45	55	20
公路（路边）	高速，I、II 级，城市快速	20			25				15
	其他	15			20				10
架空电力线（中心线）		1.5 倍杆高					1.5 倍杆高，但 35 kV 及以上架空电力线不应小于 40 m		2.0 倍杆高
架空通信线（中心线）	I、II 级	1.5 倍杆高		30		40			1.5 倍杆高
	其他	1.5 倍杆高							
铁路（中心线）	国家线	40	50	60	70		80		40
	企业专用线	25			30		35		30

（三）液化石油气储罐（区）的防火间距

（1）液化石油气供应基地的全压式和半冷冻式储罐（区），与明火或散发火花地点和基地外建筑等的防火间距不应小于表 2—1—4—7 的规定，与表 2—1—4—7 未规定的其他建筑的防火间距应符合《城镇燃气设计规范》（GB 50028—2006）的规定。

表 2—1—4—7 液化石油气供应基地的全压式和半冷冻式储罐（区）与明火或散发火花地点和基地外建筑的防火间距 （单位：m）

名称		液化石油气储罐（区）（总容积 V，m^3）						
		$30 < V \leq 50$	$50 < V \leq 200$	$200 < V \leq 500$	$500 < V \leq 1\,000$	$1\,000 < V \leq 2\,500$	$2\,500 < V \leq 5\,000$	$5\,000 < V \leq 10\,000$
单罐容积 V（m^3）		$V \leq 20$	$V \leq 50$	$V \leq 100$	$V \leq 200$	$V \leq 400$	$V \leq 1\,000$	$V > 1\,000$
居住区、村镇和重要公共建筑（最外侧建筑物的外墙）		45	50	70	90	110	130	150
工业企业（最外侧建筑物的外墙）		27	30	35	40	50	60	75
明火或散发火花地点，室外变、配电站		45	50	55	60	70	80	120
其他民用建筑，甲、乙类液体储罐，甲、乙类仓库，甲、乙类厂房，秸秆、芦苇、打包废纸等材料堆场		40	45	50	55	65	75	100
丙类液体储罐，可燃气体储罐，丙、丁类厂房，丙、丁类仓库		32	35	40	45	55	65	80
助燃气体储罐，木材等材料堆场		27	30	35	40	50	60	75
其他建筑	一、二级	18	20	22	25	30	40	50
	三级	22	25	27	30	40	50	60
	四级	27	30	35	40	50	60	75
公路（路边）	高速，Ⅰ、Ⅱ级	20	25					30
	Ⅲ、Ⅳ级	15	20					25
架空电力线（中心线）		应符合《建筑设计防火规范》（GB 50016—2014）第 10.2.1 条的规定						
架空通信线（中心线）	Ⅰ、Ⅱ级	30		40				
	Ⅲ、Ⅳ级	1.5 倍杆高						
铁路（中心线）	国家线	60	70		80		100	
	企业专用线	25	30		35		40	

注：1. 防火间距应按本表储罐区的总容积或单罐容积的较大者确定。

2. 当地下液化石油气储罐的单罐容积不大于 $50\,m^3$，总容积不大于 $400\,m^3$ 时，其防火间距可按本表的规定减少 50%。

3. 居住区、村镇指 1 000 人或 300 户及以上者；当少于 1 000 人或 300 户时，相应防火间距应按本表有关其他民用建筑的要求确定。

（2）液化石油气储罐之间的防火间距不应小于相邻较大罐的直径。数个储罐的总容积大于 3 000 m^3 时，应分组布置，组内储罐宜采用单排布置。组与组相邻储罐之间的防火间距不应小于 20 m。

（3）Ⅰ、Ⅱ级瓶装液化石油气供应站瓶库与站外建筑等的防火间距不应小于表 2—1—4—8 的规定。瓶装液化石油气供应站的分级及总存瓶容积不大于 1 m^3 的瓶装供应站瓶库的设置，应符合《城镇燃气设计规范》（GB 50028—2006）的规定。

表 2—1—4—8　Ⅰ、Ⅱ级瓶装液化石油气供应站瓶库与站外建筑等的防火间距　（单位：m）

名称	Ⅰ级		Ⅱ级	
瓶库的总存瓶容积 V（m^3）	$6 < V \leqslant 10$	$10 < V \leqslant 20$	$1 < V \leqslant 3$	$3 < V \leqslant 6$
明火或散发火花地点	30	35	20	25
重要公共建筑	20	25	12	15
其他民用建筑	10	15	6	8
主要道路路边	10	10	8	8
次要道路路边	5	5	5	5

注：总存瓶容积应按实瓶个数与单瓶几何容积的乘积计算。

【考点三】自动灭火系统【★★】

甲、乙、丙类液体储罐的灭火系统设置应符合下列规定：

（1）单罐容量大于 1 000 m^3 的固定顶罐应设置固定式泡沫灭火系统；

（2）罐壁高度小于 7 m 或容量不大于 200 m^3 的储罐可采用移动式泡沫灭火系统；

（3）其他储罐宜采用半固定式泡沫灭火系统；

（4）石油库、石油化工、石油天然气工程中甲、乙、丙类液体储罐的灭火系统设置，应符合《石油库设计规范》（GB 50074—2014）等标准的规定。

第五章　汽车库、修车库、停车场案例分析

【考点一】车库防火分类【★★】

《汽车库、修车库、停车场设计防火规范》（GB 50067—2014）第 3.0.1 条规定，汽车库、修车库、停车场的分类应根据停车（车位）数量和总建筑面积确定，并应符合表 2—1—5—1 的规定。

表 2—1—5—1　　车库的防火分类

名称		Ⅰ	Ⅱ	Ⅲ	Ⅳ
汽车库	停车数量（辆）	＞ 300	151 ～ 300	51 ～ 150	≤ 50
	或总建筑面积（m^3）	＞ 10 000	5 001 ～ 10 000	2 001 ～ 5 000	≤ 2 000
修车库	车位数（个）	＞ 15	6 ～ 15	3 ～ 5	≤ 2
	或总建筑面积（m^3）	＞ 3 000	1 001 ～ 3 000	501 ～ 1 000	≤ 500
停车场	停车数量（辆）	＞ 400	251 ～ 400	101 ～ 250	≤ 100

注：1. 当屋面露天停车场与下部洗车库共用洗车坡道时，其停车数量应计算在汽车库的车辆总数内。
2. 室外坡道、屋面露天停车场的建筑面积可不计入车库的建筑面积之内。
3. 公交汽车库的建筑面积可按本表的规定值增加 2.0 倍。

【考点二】耐火等级【★★】

（1）汽车库、修车库的耐火等级分为一级、二级和三级，其构件的燃烧性能和耐火极限均不应低于表 2—1—5—2 的规定。

表 2—1—5—2　　汽车库、修车库构件的燃烧性能和耐火极限　　（单位：h）

建筑构件名称		耐火等级		
		一级	二级	三级
墙	防火墙	不燃性 3.00	不燃性 3.00	不燃性 3.00
	承重墙	不燃性 3.00	不燃性 2.50	不燃性 2.00
	楼梯间和前室的墙、防火隔墙	不燃性 2.00	不燃性 2.00	不燃性 2.00
	隔墙、非承重外墙	不燃性 1.00	不燃性 1.00	不燃性 0.50
柱		不燃性 3.00	不燃性 2.50	不燃性 2.00
梁		不燃性 2.00	不燃性 1.50	不燃性 1.00
楼板		不燃性 1.50	不燃性 1.00	不燃性 0.50
疏散楼梯、坡道		不燃性 1.50	不燃性 1.00	不燃性 1.00
屋顶承重构件		不燃性 1.50	不燃性 1.00	可燃性 0.50
吊顶（包括吊顶格栅）		不燃性 0.25	不燃性 0.25	难燃性 0.15

注：预制钢筋混凝土构件的节点缝隙或金属承重构件的外露部位应加设防火保护层，其耐火极限不应低于本表相应构件的规定。

（2）地下汽车库、半地下汽车库、高层汽车库的耐火等级应为一级。甲、乙类物品运输车的汽车库、修车库和Ⅰ类的汽车库、修车库的耐火等级应为一级。Ⅱ、Ⅲ类的汽车库、修车库的耐火等级不应低于二级。Ⅳ类的汽车库、修车库的耐火等级不应低于三级。

注：甲、乙类物品的火灾危险性分类应按《建筑设计防火规范》（GB 50016—2014）的规定执行。

【考点三】防火分区【★★】

（1）汽车库防火分区的最大允许建筑面积应符合表2—1—5—3的规定。

表2—1—5—3　汽车库防火分区最大允许建筑面积　（单位：m^2）

耐火等级	单层汽车库	多层汽车库、半地下汽车库	地下汽车库或高层汽车库
一、二级	3 000	2 500	2 000
三级	1 000	不允许	不允许

注：1. 敞开式、错层式、斜楼板式汽车库的上下连通层面积应叠加计算，每个防火分区的最大允许建筑面积可按本表规定值增加1.0倍。

2. 室内有车道且有人员停留的机械式汽车库的防火分区最大允许建筑面积应按本表规定值减少35%。

3. 除另有规定外，防火分区之间应采用符合《汽车库、修车库、停车场设计防火规范》（GB 50067—2014）规定的防火墙、防火卷帘等分隔。

（2）设置自动灭火系统的汽车库，其每个防火分区的最大允许建筑面积不应大于表2—1—5—3的规定的2.0倍。

（3）室内无车道且无人员停留的机械式汽车库，应符合下列规定：

1）当停车数量超过100辆时，应采用无门、窗、洞口的防火墙分隔为多个停车数量不大于100辆的区域，但当采用防火隔墙和耐火极限不低于1.00h的不燃性楼板分隔成多个停车单元，且停车单元内的停车数量不大于3辆时，应分隔为停车数量不大于300辆的区域；

2）汽车库内应设置火灾自动报警系统和自动喷水灭火系统，自动喷水灭火系统应选用快速响应喷头；

3）楼梯间及停车区的检修通道上应设置室内消火栓；

4）汽车库内应设置排烟设施，排烟口应设置在运输车辆的通道顶部。

（4）甲、乙类物品运输车的汽车库、修车库，每个防火分区的最大允许建筑面积不应超过500 m^2。

（5）修车库每个防火分区的最大允许建筑面积不应超过2 000 m^2，当修车部位与相邻使用有机溶剂的清洗和喷漆工段采用防火墙分隔时，每个防火分区的最大允许建筑面积可扩大至4 000 m^2。

【考点四】构造防火【★★】

（1）汽车库、修车库与其他建筑物合建时，应符合下列要求：

1）当贴邻建造时应采用防火墙隔开；

2）设在建筑物内的汽车库（包括屋顶停车场）、修车库与其他部分应采用防火墙和耐火极限不低于2.00 h的不燃性楼板分隔；

3）汽车库、修车库的外墙门、洞口的上方应设置耐火极限不低于1.00 h、宽度不小于1.0 m的不燃性防火挑檐；

4）汽车库、修车库的外墙上、下窗之间墙的高度，不应小于 1.2 m 或设置耐火极限不低于 1.00 h、宽度不小于 1.0 m 的不燃性防火挑檐。

（2）汽车库内设置修理车位时，停车部位与修车部位之间应采用防火墙和耐火极限不低于 2.00 h 的不燃性楼板分隔。

（3）修车库内使用有机溶剂清洗和喷漆的工段，当超过 3 个车位时，均应采用防火隔墙等分隔措施。

（4）附设在汽车库、修车库内的消防控制室、自动灭火系统的设备室、消防水泵房和排烟、通风空调机房等，应采用防火隔墙和耐火极限不低于 1.50 h 的不燃性楼板相互隔开或与相邻部位分隔。

（5）防火墙应直接设置在建筑的基础或框架、梁等承重结构上，框架、梁等承重结构的耐火极限不应低于防火墙的耐火极限。防火墙、防火隔墙应从楼地面基层隔断至梁、楼板或屋面结构层的底面。

（6）当汽车库、修车库的屋面板为不燃材料且耐火极限不低于 0.50 h 时，防火墙、防火隔墙可砌至屋面基层的底部。

（7）三级耐火等级的汽车库、修车库的防火墙、防火隔墙应截断其屋顶结构，并应高出其不燃性屋面不小于 0.4 m；高出可燃性或难燃性屋面不应小于 0.5 m。

（8）防火墙不宜设在汽车库、修车库的内转角处。当设在转角处时，内转角处两侧墙上的门、窗、洞口之间的水平距离不应小于 4 m。防火墙两侧的门、窗、洞口之间最近边缘的水平距离不应小于 2 m。当防火墙两侧设置固定乙级防火窗时，可不受距离的限制。

（9）防火墙或防火隔墙上不应设置通风孔道，也不宜穿过其他管道（线）；当管道（线）穿过防火墙或防火隔墙时，应采用防火封堵材料将孔洞周围的空隙紧密填塞。

（10）防火墙或防火隔墙上不宜开设门、窗、洞口，当必须开设时，应设置甲级防火门、窗或耐火极限不低于 3.00 h 的防火卷帘。

（11）《汽车库、修车库、停车场设计防火规范》（GB 50067—2014）第 5.3.1 条规定，电梯井、管道井、电缆井和楼梯间应分别独立设置。管道井、电缆井的井壁应采用不燃材料，且耐火极限不应低于 1.00 h。电梯井的井壁应采用不燃材料，且耐火极限不低于 2.00 h。

（12）电缆井、管道井应每层在楼板处采用不燃材料或防火封堵材料进行分隔，且分隔后的耐火极限不应低于楼板的耐火极限，井壁上的检查门应采用丙级防火门。

【考点五】安全疏散【★★】

（一）安全出口的设置

（1）汽车库、修车库的人员安全出口和汽车疏散出口应分开设置。设置在工业与民用建筑内的汽车库，其车辆疏散出口应与其他场所的人员安全出口分开设置。

（2）除室内无车道且无人员停留的机械式汽车库外，汽车库、修车库内每个防火分区的人员安全出口不应少于 2 个，Ⅳ类汽车库和Ⅲ、Ⅳ类的修车库可设 1 个。

（3）汽车库、修车库的汽车疏散出口应布置在不同的防火分区内，且整个汽车库、修车库的汽车疏散出口总数不应少于 2 个，但符合下列条件之一的可设 1 个：

1）Ⅳ类汽车库；

2）设置双车道汽车疏散出口的Ⅲ类地上汽车库；

3）设置双车道汽车疏散出口的停车数量小于等于100辆且建筑面积小于4 000 m^2的地下或半地下汽车库；

4）Ⅱ、Ⅲ、Ⅳ类修车库。

（4）Ⅰ、Ⅱ类地上汽车库和停车数大于100辆的地下、半地下汽车库，当采用错层或斜楼板，坡道为双车道且设置自动喷火灭火系统时，其首层或地下一层至室外的汽车疏散出口不应少于2个，汽车库内的其他楼层汽车疏散坡道可设1个。

（5）Ⅳ类汽车库设置汽车坡道有困难时，可采用汽车专用升降机作汽车疏散出口，升降机的数量不应少于2台，停车数少于25辆时，可设1台。

（6）汽车疏散坡道的净宽度，单车道不应小于3.0 m，双车道不应小于5.5 m。

（7）除室内无车道且无人员停留的机械式汽车库外，相邻两个汽车疏散出口之间的水平距离不应小于10 m；毗邻设置的两个汽车坡道应采用防火隔墙隔开。

（8）停车场的汽车疏散出口不应少于2个；停车数量不大于50辆时，可设1个。

（二）疏散楼梯间

（1）《汽车库、修车库、停车场设计防火规范》（GB 50067—2014）第6.0.3条规定，汽车库、修车库的疏散楼梯应符合下列规定：

1）除建筑高度超过32 m的高层汽车库、室内地面与室外出入口地坪的高差大于10 m的地下汽车库应采用防烟楼梯间，其他汽车库、修车库均应采用封闭楼梯间；

2）楼梯间和前室的门应采用乙级防火门，并应向疏散方向开启；

3）疏散楼梯的宽度不应小于1.1 m。

（2）《汽车库、修车库、停车场设计防火规范》（GB 50067—2014）第6.0.4条规定，除室内无车道且无人员停留的机械式汽车库外，建筑高度超过32 m的高层汽车库应设置消防电梯。消防电梯的设置应符合《建筑设计防火规范》（GB 50016—2014）的有关规定。

（3）室外疏散楼梯可采用金属楼梯，并应符合下列规定：

1）室外楼梯的倾斜角度不应大于45°，栏杆扶手的高度不应小于1.1 m；

2）每层楼梯平台均应采用耐火极限不低于1.00 h的不燃烧材料制作；

3）在室外楼梯周围2 m范围内的墙面上，除设置疏散门外，不应开设其他的门、窗、洞口；

4）通向室外楼梯的门应采用乙级防火门。

（4）与住宅地下室相连通的地下汽车库、半地下汽车库，人员疏散可借用住宅部分的疏散楼梯；当不能直接进入住宅部分的疏散楼梯间时，应在汽车库与住宅部分的疏散楼梯之间设置连通走道，走道应采用防火隔墙分隔，汽车库开向该走道的门均应采用甲级防火门。

（5）室内无车道且无人员停留的机械式汽车库可不设置人员安全出口，但应按下列规定设置供灭火救援用的楼梯间：

1）每个停车区域当停车数量大于100辆时，应至少设置1个楼梯间；

2）楼梯间与停车区域之间应采用防火隔墙进行分隔，楼梯间的门应为乙级防火门；

3）楼梯的净宽不得小于0.9 m。

（三）疏散距离

《汽车库、修车库、停车场设计防火规范》（GB 50067—2014）第6.0.6条规定，汽车库室内任一点至最近安全出口的疏散距离不应超过45 m，当设置自动灭火系统时，其距离不应大于60 m，对于单层或设在建筑首层的汽车库，室内任一点至室外最近出口的疏散距离不应大于60 m。

第六章　人民防空工程案例分析

【考点一】平面布置【★★】

（1）《人民防空工程设计防火规范》（GB 50098—2009）第 3.1.2 条规定，人防工程内不得使用和储存液化石油气、相对密度（与空气密度比值）大于或等于 0.75 的可燃气体和闪点小于 60℃的液体燃料。

（2）人防工程内不应设置哺乳室、托儿所、幼儿园、游乐厅等儿童活动场所和残疾人员活动场所。

（3）医院病房不应设置在地下二层及以下层，当设置在地下一层时，室内地面与室外出入口地坪高差不应大于 10 m。

（4）歌舞厅、卡拉 OK 厅（含具有卡拉 OK 功能的餐厅）、夜总会、录像厅、放映厅、桑拿浴室（除洗浴部分外）、游艺厅（含电子游艺厅）、网吧等歌舞娱乐放映游艺场所（以下简称歌舞娱乐放映游艺场所），不应设置在地下二层及以下层；当设置在地下一层时，室内地面与室外出入口地坪高差不应大于 10 m。

（5）地下商店应符合下列规定：

1）不应经营和储存火灾危险性为甲、乙类储存物品属性的商品。

2）营业厅不应设置在地下三层及三层以下。

3）当总建筑面积大于 20 000 m^2 时，应采用防火墙进行分隔，且防火墙上不得开设门窗洞口，相邻区域确需局部连通时，应采取可靠的防火分隔措施，可选择下列防火分隔方式：①下沉式广场等室外开敞空间。下沉式广场应符合《人民防空工程设计防火规范》（GB 50098—2009）第 3.1.7 条的规定。②防火隔间。该防火隔间的墙应为实体防火墙，并应符合《人民防空工程设计防火规范》（GB 50098—2009）第 3.1.8 条的规定。③避难走道。该避难走道应符合《人民防空工程设计防火规范》第 5.2.5 条的规定。④防烟楼梯间。该防烟楼梯间及前室的门应为火灾时能自动关闭的常开式甲级防火门。

（6）消防控制室应设置在地下一层，并应邻近直接通向（以下简称直通）地面的安全出口；消防控制室可设置在值班室、变配电室等房间内；当地面建筑设置有消防控制室时，可与地面建筑消防控制室合用。消防控制室的防火分隔应符合《人民防空工程设计防火规范》（GB 50098—2009）第 4.2.2 条的规定。

【考点二】防火分区【★★】

（1）人防工程内应采用防火墙划分防火分区，当采用防火墙确有困难时，可采用防火卷帘等防火分隔设施分隔，防火分区划分应符合下列要求：

1）防火分区应在各安全出口处的防火门范围内划分；

2）水泵房、污水泵房、水池、厕所、盥洗间等无可燃物的房间，其面积可不计入防火分区的面积之内；

3）与柴油发电机房或锅炉房配套的水泵间、风机房、储油间等，应与柴油发电机房或锅炉房一起划分为一个防火分区；

4）防火分区的划分宜与防护单元相结合；

5）工程内设置有旅店、病房、员工宿舍时，不得设置在地下二层及以下层，并应划分为独立的防火分区，且疏散楼梯不得与其他防火分区的疏散楼梯共用。

（2）每个防火分区的允许最大建筑面积，除《人民防空工程设计防火规范》（GB 50098—2009）另有规定外，不应大于 500 m^2。当设置有自动灭火系统时，允许最大建筑面积可增加 1 倍；局部设置时，增加的面积可按该局部面积的 1 倍计算。

（3）商业营业厅、展览厅、电影院和礼堂的观众厅、溜冰馆、游泳馆、射击馆、保龄球馆等防火分区划分应符合下列规定：

1）商业营业厅、展览厅等，当设置有火灾自动报警系统和自动灭火系统，且采用 A 级装修材料装修时，防火分区允许最大建筑面积不应大于 2 000 m^2。

2）电影院、礼堂的观众厅，防火分区允许最大建筑面积不应大于 1 000 m^2。当设置有火灾自动报警系统和自动灭火系统时，其允许最大建筑面积也不得增加。

3）溜冰馆的冰场、游泳馆的游泳池、射击馆的靶道区、保龄球馆的球道区等，其面积可不计入溜冰馆、游泳馆、射击馆、保龄球馆的防火分区面积内。溜冰馆的冰场、游泳馆的游泳池、射击馆的靶道区等，其装修材料应采用 A 级。

4）丙、丁、戊类物品库房的防火分区允许最大建筑面积应符合表 2—1—6—1 的规定。当设置有火灾自动报警系统和自动灭火系统时，允许最大建筑面积可增加 1 倍；局部设置时，增加的面积可按该局部面积的 1 倍计算。

表 2—1—6—1　丙、丁、戊类物品库房防火分区允许最大建筑面积　（单位：m^2）

储存物品类别		防火分区最大允许建筑面积
丙	闪点 ≥ 60℃的可燃液体	150
	可燃固体	300
丁		500
戊		1 000

【考点三】构造防火【★★】

（1）防火墙应直接设置在基础上或耐火极限不低于 3 h 的承重构件上。

（2）防火墙上不宜开设门、窗、洞口，当需要开设时，应设置能自行关闭的甲级防火门、窗。

（3）电影院、礼堂的观众厅与舞台之间的墙，耐火极限不应低于 2.5 h，观众厅与舞台之间的舞台口应符合《人民防空工程设计防火规范》（GB 50098—2009）第 7.2.3 条的规定；电影院放映室（卷片室）应采用耐火极限不低于 1 h 的隔墙与其他部位隔开，观察窗和放映孔应设置阻火闸门。

（4）下列场所应采用耐火极限不低于 2 h 的隔墙和 1.5 h 的楼板与其他场所隔开，并应符合下列规定：

1）消防控制室、消防水泵房、排烟机房、灭火剂储瓶室、变配电室、通信机房、通风和空调机房、可燃物存放量平均值超过 30 kg/m^2 火灾荷载密度的房间等，墙上应设置常闭的甲级防火门；

2）柴油发电机房的储油间，墙上应设置常闭的甲级防火门，并应设置高 150 mm 的不燃烧、不渗漏的门槛，地面不得设置地漏；

3）同一防火分区内厨房、食品加工等用火、用电、用气场所，墙上应设置不低于乙级的防火门，人员频繁出入的防火门应设置火灾时能自动关闭的常开式防火门；

4）歌舞娱乐放映游艺场所，且一个厅、室的建筑面积不应大于 200 m^2，隔墙上应设置不低于乙级的防火门。

（5）防火门的设置应符合下列规定：

1）位于防火分区分隔处安全出口的门应为甲级防火门；当使用功能上确实需要采用防火卷帘分隔时，应在其旁设置与相邻防火分区的疏散走道相通的甲级防火门。

2）公共场所的疏散门应向疏散方向开启，并在关闭后能从任何一侧手动开启。

3）公共场所人员频繁出入的防火门，应采用能在火灾时自动关闭的常开式防火门；平时需要控制人员随意出入的防火门，应设置火灾时不需使用钥匙等任何工具即能从内部易于打开的常闭防火门，并应在明显位置设置标识和使用提示；其他部位的防火门，宜选用常闭的防火门。

4）用防护门、防护密闭门、密闭门代替甲级防火门时，其耐火性能应符合甲级防火门的要求，且不得用于平战结合公共场所的安全出口处。

5）常开的防火门应具有信号反馈的功能。

【考点四】安全疏散【★★】

（一）安全出口的设置

（1）每个防火分区安全出口设置的数量，应符合下列规定之一：

1）每个防火分区的安全出口数量不应少于 2 个。

2）当有 2 个或 2 个以上防火分区相邻，且将相邻防火分区之间防火墙上设置的防火门作为安全出口时，防火分区安全出口应符合下列规定：①防火分区建筑面积大于 1 000 m^2 的商业营业厅、展览厅等场所，设置通向室外、直通室外的疏散楼梯间或避难走道的安全出口个数不得少于 2 个；②防火分区建筑面积不大于 1 000 m^2 的商业营业厅、展览厅等场所，设置通向室外、直通室外的疏散楼梯间或避难走道的安全出口个数不得少于 1 个；③在一个防火分区内，设置通向室外、直通室外的疏散楼梯间或避难走道的安全出口宽度之和，不宜小于《人民防空工程设计防火规范》（GB 50098—2009）第 5.1.6 条规定的安全出口总宽度的 70%。

3）建筑面积不大于 500 m^2，且室内地面与室外出入口地坪高差不大于 10 m，容纳人数不大于 30 人的防火分区，当设置有仅用于采光或进风用的竖井，且竖井内有金属梯直通地面、防火分区通向竖井处设置有不低于乙级的常闭防火门时，可只设置一个通向室外、直通室外的疏散楼梯间或避难走道的安全出口；也可设置一个与相邻防火分区相通的防火门。

4）建筑面积不大于 200 m^2，且经常停留人数不超过 3 人的防火分区，可只设置一个通向相邻防火分区的防火门。

（2）房间建筑面积不大于 50 m^2，且经常停留人数不超过 15 人时，可设置一个疏散出口。

（3）歌舞娱乐放映游艺场所的疏散应符合下列规定：

1）不宜布置在袋形走道的两侧或尽端，当必须布置在袋形走道的两侧或尽端时，最远房间的疏散门到最近安全出口的距离不应大于 9 m；一个厅、室的建筑面积不应大于 200 m^2。

2）建筑面积大于 50 m^2 的厅、室，疏散出口不应少于 2 个。

（4）每个防火分区的安全出口，宜按不同方向分散设置；当受条件限制需要同方向设置时，两个安全出口最近边缘之间的水平距离不应小于 5 m。

（二）疏散距离

《人民防空工程设计防火规范》（GB 50098—2009）第 5.1.5 条规定，安全疏散距离应满足下列规定：

（1）房间内最远点至该房间门的距离不应大于 15 m。

（2）房间门至最近安全出口的最大距离：医院应为 24 m，旅馆应为 30 m，其他工程应为 40 m。位于袋形走道两侧或尽端的房间，其最大距离应为上述相应距离的一半。

（3）观众厅、展览厅、多功能厅、餐厅、营业厅和阅览室等，其室内任意一点到最近安全出口的直线距离不宜大于 30 m；当该防火分区设置有自动喷水灭火系统时，疏散距离可增加 25%。

（三）疏散宽度

（1）疏散宽度的计算和最小净宽应符合下列规定：

1）每个防火分区安全出口的总宽度，应按该防火分区设计容纳总人数乘以疏散宽度指标计算确定，疏散宽度指标应按下列规定确定：①室内地面与室外出入口地坪高差不大于 10 m 的防火分区，疏散宽度指标应为每 100 人不小于 0.75 m；②室内地面与室外出入口地坪高差大于 10 m 的防火分区，疏散宽度指标应为每 100 人不小于 1.00 m；③人员密集的厅、室以及歌舞娱乐放映游艺场所，疏散宽度指标应为每 100 人不小于 1.00 m。

2）安全出口、疏散楼梯和疏散走道的最小净宽应符合表 2—1—6—2 的规定。

表 2—1—6—2　安全出口、疏散楼梯和疏散走道的最小净宽　（单位：m）

工程名称	安全出口和疏散楼梯净宽	疏散走道净宽	
		单面布置房间	双面布置房间
商场、公共娱乐场所、健身体育场所	1.40	1.50	1.60
医院	1.30	1.40	1.50
旅馆、餐厅	1.10	1.20	1.30
车间	1.10	1.20	1.50
其他民用工程	1.10	1.20	—

（2）设置有固定座位的电影院、礼堂等的观众厅，其疏散走道、疏散出口等应符合下列规定：

1）厅内的疏散走道净宽应按通过人数每 100 人不小于 0.80 m 计算，且不宜小于 1.00 m；边走道的净宽不应小于 0.80 m。

2）厅的疏散出口和厅外疏散走道的总宽度，平坡地面应分别按通过人数每 100 人不小于 0.65 m 计算，阶梯地面应分别按通过人数每 100 人不小于 0.80 m 计算；疏散出口和疏散走道的净宽均不应小于 1.40 m。

3）观众厅座位的布置，横走道之间的排数不宜大于 20 排，纵走道之间每排座位不宜大于 22 个；当前后排座位的排距不小于 0.90 m 时，每排座位可为 44 个；只一侧有纵走道时，其座位数应减半。

4）观众厅每个疏散出口的疏散人数平均不应大于 250 人；戊类物品的专业商店，可按上述确定的人数减少 50%。

5）观众厅的疏散门，宜采用推闩式外开门。

（四）人员密度

（1）地下商店每个防火分区的疏散人数，应按该防火分区内营业厅使用面积乘以面积折算值和疏散人数换算系数确定。面积折算值宜为 70%，疏散人数换算系数应按表 2—1—6—3 确定。经营丁、戊类物品的专业商店，可以按上述确定的人数减少 50%。

表 2—1—6—3 地下商店营业厅内的疏散人数换算系数 （单位：人 / m^2）

楼层位置	地下一层	地下二层
换算系数	0.85	0.80

（2）歌舞娱乐放映游艺场所最大容纳人数应按该场所建筑面积乘以人员密度指标来计算，其人员密度指标应按下列规定确定：

1）录像厅、放映厅人员密度指标为 1.0 人 /m^2；

2）其他歌舞娱乐放映游艺场所人员密度指标为 0.5 人 /m^2。

（五）疏散楼梯间和避难走道

（1）设有下列公共活动场所的人防工程，当底层室内地面与室外出入口地坪高差大于 10 m 时，应设置防烟楼梯间；当地下为两层，且地下第二层的室内地面与室外出入口地坪高差不大于 10 m 时，应设置封闭楼梯间。

1）电影院、礼堂；

2）建筑面积大于 500 m^2 的医院、旅馆；

3）建筑面积大于 1 000 m^2 的商场、餐厅、展览厅、公共娱乐场所、健身体育场所。

（2）封闭楼梯间应采用不低于乙级的防火门；封闭楼梯间的地面出口可用于天然采光和自然通风，当不能采用自然通风时，应采用防烟楼梯间。

（3）人民防空地下室的疏散楼梯间，在主体建筑地面首层应采用耐火极限不低于 2 h 的隔墙与其他部位隔开并应直通室外；当必须在隔墙上开门时，应采用不低于乙级的防火门。人民防空地下室与地上层不应共用楼梯间；当必须共用楼梯间时，应在地面首层与地下室的入口处，设置耐火极限不低于 2 h 的隔墙和不低于乙级的防火门隔开，并应有明显标志。

（4）防烟楼梯间前室的面积不应小于 6 m^2；当与消防电梯间合用前室时，其面积不应小于 10 m^2。

（5）避难走道的设置应符合下列规定：

1）避难走道直通地面的出口不应少于 2 个，并应设置在不同方向；当避难走道只与一个防火分区相通时，避难走道直通地面的出口可设置一个，但该防火分区至少应有一个不通向该避难走道的安全出口。

2）通向避难走道的各防火分区人数不等时，避难走道的净宽不应小于设计容纳人数最多一个防火分区通向避难走道各安全出口最小净宽之和。

3）避难走道的装修材料燃烧性能等级应为 A 级。

4）防火分区至避难走道入口处应设置前室，前室面积不应小于 6 m^2，前室的门应为甲级防火门；其防烟应符合《人民防空工程设计防火规范》（GB 50098—2009）第 6.2 节的规定。

5）避难走道的消火栓设置应符合《人民防空工程设计防火规范》（GB 50098—2009）第 7 章的规定。

6）避难走道的火灾应急照明应符合《人民防空工程设计防火规范》（GB 50098—2009）第 8.2 节的规定。

7）避难走道应设置应急广播和消防专线电话。

（6）疏散走道、疏散楼梯和前室，不应有影响疏散的凸出物；疏散走道应减少曲折，走道内不宜设置门槛、阶梯；疏散楼梯的阶梯不宜采用螺旋楼梯和扇形踏步，但踏步上下两级所形成的平面角小于 10°，且每级离扶手 0.25 m 处的踏步宽度大于 0.22 m 时，可不受此限。

（7）疏散楼梯间在各层的位置不应改变；各层人数不等时，其宽度应按该层及以下层中通过人数最多的一层计算。

第二篇
消防设施应用案例分析

第一章　消防设施管理

【考点一】消防设施维护管理的要求【★★】

（一）维护管理人员从业资格要求

消防设施操作管理以及值班、巡查、检测、维修、保养的从业人员，需要具备符合下列规定的从业资格：

（1）消防设施检测、维护保养等消防技术服务机构的项目经理、技术人员，经注册消防工程师考试合格，持有一级或者二级注册消防工程师的执业资格证书。

（2）消防设施操作、值班、巡查的人员，经消防行业特有工种职业技能鉴定合格，持有初级技能（含，下同）以上等级的职业资格证书，能够熟练操作消防设施。

（3）消防设施检测、保养人员，经消防行业特有工种职业技能鉴定合格，持有高级技能以上等级职业资格证书。

（4）消防设施维修人员，经消防行业特有工种职业技能鉴定合格，持有技师以上等级职业资格证书。

（二）维护管理装备要求

用于消防设施的巡查、检测、维修、保养的测量用仪器、仪表、量具及泄压阀、安全阀等，依法需要计量检定的，建筑使用管理单位按照有关规定进行定期校验，并具有有效证明文件。

（三）维护管理工作要求

建筑使用管理单位按照下列要求组织实施消防设施维护管理：

（1）明确管理职责；

（2）制定消防设施维护管理制度和维修管理技术规程；

（3）落实管理责任；

（4）实施消防设施标识化管理；

（5）故障消除及报修；

（6）建立健全建筑消防设施维护管理档案；

（7）远程监控管理。

【考点二】消防设施维护管理工作要求【★★】

（一）值班

建筑使用管理单位根据建筑或者单位的工作、生产、经营特点，建立值班制度。单位制定灭火和应急疏散预案、组织预案演练时，要将消防设施操作内容纳入其中，并对操作过程中发现的问题及时给予纠正、处理。

（二）巡查

消防设施巡查内容主要包括：消防设施设置场所（防护区域）的环境状况、消防设施及其组件、材料等外观以及消防设施运行状态、消防水源状况及固定灭火设施灭火剂储存量等。

（1）建筑管理使用单位按照下列要求组织巡查：

1）明确各类消防设施的巡查频次、内容和部位。

2）巡查时，准确填写建筑消防设施巡查记录表。

3）巡查发现故障或者存在问题的，按照规定程序进行故障处置，消除存在问题。

（2）建筑使用管理单位按照下列频次组织巡查：

1）公共娱乐场所营业期间，每2 h组织一次综合巡查。期间，将部分或者全部消防设施巡查纳入综合巡查内容，并保证每日至少对全部建筑消防设施巡查一遍。

2）消防安全重点单位每日至少对消防设施巡查一次。

3）其他社会单位每周至少对消防设施巡查一次。

4）举办具有火灾危险性的大型群众性活动的，承办单位根据活动现场的实际需要确定巡查频次。

（三）检测

消防设施检测主要是对国家标准规定的各类消防设施的功能性要求进行的检查、测试。

（1）检测频次。消防设施每年至少检测一次。人员密集场所、易燃易爆单位及其他一类高层公共建筑等消防安全重点单位，自消防设施投入运行后的每年年底，将年度检测记录报当地消防机构备案。

（2）检测对象。检测对象包括全部消防设施系统设备、组件等。消防设施检测按照竣工验收技术检测方法和要求组织实施，检测过程中如实填写建筑消防设施检测记录表的相关内容。

（四）维修

（1）对在值班、巡查、检测、灭火演练中发现的消防设施存在问题和故障，相关人员按照规定填写建筑消防设施故障维修记录表，向建筑使用管理单位消防安全管理人报告；消防安全管理人对相关人员上报的消防设施存在的问题和故障，要立即通知维修人员或者委托具有资质的消防设施维保单位进行维修。

（2）维修期间，建筑使用管理单位要采取确保消防安全的有效措施；故障排除后，消防安全管理人组织相关人员进行相应功能试验，检查确认，并将检查确认合格的消防设施恢复至正常工作状态，维修情况在建筑消防设施故障维修记录表中全面、准确记录。

（五）保养

（1）建筑使用管理单位根据建筑规模、消防设施使用周期等，制订消防设施保养计划，载明消防设施的名称、保养内容和周期；储备一定数量的消防设施易损件或者与有关消防产品生产厂家、供应商签订相关合同，以保证维修保养供应。

（2）消防设施在维护保养时，维护保养单位相关技术人员填写建筑消防设施维护保养记录表，并进行相应功能试验。

（六）档案建立与管理

（1）档案内容。建筑消防设施档案至少包含下列内容：

1）消防设施基本情况。消防设施基本情况主要包括消防设施的验收意见和产品、系统使用说明书、系统调试记录、消防设施平面布置图、系统图等原始技术资料。

2）消防设施动态管理情况。消防设施动态管理情况主要包括消防设施的值班记录、巡查记录、检测记录、故障维修记录以及维护保养计划表、维护保养记录、消防控制室值班人员基本情况档案及培训记录等。

（2）保存期限。消防设施施工安装、竣工验收及验收技术检测等原始技术资料要长期保存，消防控制室值班记录表和建筑消防设施巡查记录表的存档时间不少于一年，建筑消防设施检测记录表、建筑消防设施故障维修记录表、建筑消防设施维护保养计划表、建筑消防设施维护保养记录表的存档时间不少于五年。

【考点三】消防控制设备的监控要求【★★】

消防控制室配备的消防设备需要具备下列监控功能：

（1）消防控制室设置的消防设备能够监控并显示消防设施运行状态信息，并能够向城市消防远程监控中心（以下简称监控中心）传输相应信息。

（2）根据建筑（单位）规模及其火灾危险性特点，消防控制室内需要保存必要的文字、电子资料，存储相关的消防安全管理信息，并能够及时向监控中心传输消防安全管理信息。

（3）大型建筑群要根据其不同建筑功能需求、火灾危险性特点和消防安全监控需要，设置两个及两个以上的消防控制室，并确定主消防控制室、分消防控制室，以实现分散与集中相结合的消防安全监控模式。

（4）主消防控制室的消防设备能够对系统内共用消防设备进行控制，显示其状态信息，并能够显示各个分消防控制室内消防设备的状态信息，具备对分消防控制室内消防设备及其所控制的消防系统、设备的控制功能。

（5）各个分消防控制室的消防设备之间，可以互相传输、显示状态信息，不能互相控制消防设备。

【考点四】消防控制室台账档案内容【★★】

（1）建（构）筑物竣工后的总平面布局图、消防设施平面布置图和系统图以及安全出口布置图、重点部位位置图等。

（2）消防安全管理规章制度、应急灭火预案、应急疏散预案等。

（3）消防安全组织结构图，包括消防安全责任人、管理人、专（兼）职和志愿消防人员等内容。

（4）消防安全培训记录、灭火和应急疏散预案的演练记录。

（5）值班情况、消防安全检查情况及巡查情况等记录。

（6）消防设施一览表，包括消防设施的类型、数量、状态等内容。

（7）消防联动系统控制逻辑关系说明、设备使用说明书、系统操作规程、系统及设备的维护保养制度和技术规程等。

（8）设备运行状况、接报警记录、火灾处理情况、设备检修检测报告等资料。

【考点五】消防控制室的值班要求【★★】

建筑使用管理单位按照下列要求，安排合理数量的、符合从业资格条件的人员负责消防控制室管理与值班。

（1）实行每日 24 h 专人值班制度，每班不少于两人，值班人员持有规定的消防专业技能鉴定证书。

（2）消防设施日常维护管理符合《建筑消防设施的维护管理》（GB 25201—2010）的相关规定。

（3）确保火灾自动报警系统、固定灭火系统和其他联动控制设备处于正常工作状态，不得将应处于自动控制状态的设备设置在手动控制状态。

（4）确保高位消防水箱、消防水池、气压水罐等消防储水设施水量充足，确保消防泵出水管阀门、自动喷水灭火系统管道上的阀门常开；确保消防水泵、防烟排烟风机、防火卷帘等消防用电设备的配电柜控制装置处于自动控制位置（或者通电状态）。

【考点六】消防控制室应急处置程序【★★】

（1）接到火灾警报后，值班人员立即以最快方式确认火灾。

（2）火灾确认后，值班人员立即确认火灾报警联动控制开关处于自动控制状态，同时拨打“119”报警电话准确报警；报警时需要说明着火单位地点、起火部位、着火物种类、火势大小、报警人姓名和联系电话等。

（3）值班人员立即启动单位应急疏散和初期火灾扑救灭火预案，同时报告单位消防安全负责人。

【考点七】消防控制室的控制、显示要求【★★】

（一）消防控制室图形显示装置

采用中文标注和中文界面的消防控制室图形显示装置，其界面对角线长度不得小于 430 mm，消防控制室图形显示装置按照下列要求显示相关信息：

（1）能够显示前述电子资料内容及符合规定的消防安全管理信息。

（2）能够用同一界面显示建（构）筑物周边消防车通道、消防登高车操作场地、消防水源位置以及相邻建筑的防火间距、建筑面积、建筑高度、使用性质等情况。

（3）能够显示消防系统及设备的名称、位置和消防控制器、消防联动控制设备（含消防电话、消防应急广播、消防应急照明和疏散指示系统、消防电源等控制装置）的动态信息。

（4）有火灾报警信号、监管报警信号、反馈信号、屏蔽信号、故障信号输入时，具有相应状态的专用总指示，在总平面布局图中应显示输入信号所在的建（构）筑物的位置，在建筑平面图上应显示输入信号所在的位置和名称，并记录时间、信号类别和部位等信息。

（5）10 s 内能够显示输入的火灾报警信号和反馈信号的状态信息，100 s 内能够显示其他输入信号的状态信息。

（6）能够显示可燃气体探测报警系统、电气火灾监控系统的报警信息、故障信息和相关联动反馈信息。

（二）火灾报警控制器

火灾报警控制器能够显示火灾探测器、火灾显示盘、手动火灾报警按钮的正常工作状态、火灾报警状态、屏蔽状态及故障状态等相关信息，能够控制火灾声光警报器启动和停止。

（三）消防联动控制设备

消防联动控制设备能够将各类消防设施及其设备的状态信息传输到图形显示装置；能够控制和显示各类消防设施的电源工作状态、各类设备及其组件的启 / 停等运行状态和故障状态，显示具有控制功能、信号反馈功能的阀门、监控装置的正常工作状态和动作状态，能够控制具有自动控制、远程控制功能的消防设备的启 / 停，并接收其反馈信号。

第二章　消防给水及消火栓系统

【考点一】消防给水系统的构成与分类【★★】

消防给水系统主要由消防水源（天然水源、市政管网、消防水池、消防水箱）、供水设施设备（消防水泵、稳压泵、水泵接合器）和给水管网（阀门）等构成。消防给水系统的分类见表2—2—2—1。

表2—2—2—1　　消防给水系统的分类

分类方式	系统名称	特点
按水压分	高压消防给水系统	能始终保持水灭火系统所需的工作压力和流量，发生火灾时无须启动消防水泵直接加压的消防给水系统
	临时高压消防给水系统	平时不能满足水灭火所需的工作压力和流量，发生火灾时自动启动消防水泵，以满足水灭火系统所需的工作压力和流量的消防给水系统
	低压消防给水系统	能满足车载或手台移动消防水泵等取水所需的工作压力和流量的消防给水系统
按给水范围分	独立消防给水系统	在一栋建筑内消防给水系统自成体系、独立工作的系统
	区域（集中）消防给水系统	两栋及两栋以上的建筑共用的消防给水系统
按用途分	专用消防给水系统	仅向水灭火系统供水的独立系统的消防给水系统
	生活、消防共用给水系统	生活给水管网与消防给水管网共用的给水系统
	生产、消防共用给水系统	生产给水管网与消防给水管网共用的给水系统
	生活、生产、消防共用给水系统	大中型城镇、开发区的给水系统均为生活、生产和消防共用的给水系统，比较经济和安全可靠
按位置分	市政消防给水系统	在城镇范围由市政给水系统向水灭火系统供水
	室外消防给水系统	由进水管、室外消防给水管网和室外消火栓等构成，在建筑物外部进行灭火并向室内消防给水系统供水的消防给水系统
	室内消防给水系统	由引入管、室内消防给水管网、室内消火栓、水泵接合器和消防水箱等构成，在建筑物内部进行灭火的消防给水系统
按灭火方式分	消火栓灭火系统	由给水设施、消火栓、配水管网和阀门等构成的水灭火系统
	自动喷水灭火系统	以自动喷水喷头为主的灭火组件构成的水灭火系统
按管网形式分	环状管网消防给水系统	消防给水管网构成闭合环形，双向供水
	枝状管网消防给水系统	消防给水管网似树枝状，单向供水

【考点二】消防水源的条件【★★★】

可用作消防水源的有市政给水管网、消防水池（消防水箱）、天然水源和其他水源。

（一）市政给水管网作为消防水源的条件

（1）市政给水管网可以连续供水。

（2）用作两路消防供水的市政给水管网应符合下列规定。

1）市政给水厂应至少有两条输水干管向市政给水管网输水。

2）市政给水管网应为环状管网。

3）有不同市政给水干管上不少于两条引入管向消防给水系统供水。当其中一条发生故障时，其余引入管应仍能保证全部消防用水量。

若达不到以上描述的市政两路消防供水条件时，应视为一路消防供水。

（二）消防水池作为消防水源的条件

（1）消防水池有足够的有效容积。

（2）供消防车取水的消防水池应设取水口（井）。

（3）在与生活或其他用水合用时，消防水池应采取确保消防用水量不作他用的技术措施。

（4）严寒、寒冷等结冰地区的消防水池还应采取相应的防冻措施。

（5）取水设施有相应保护措施。

（三）天然水源作为消防水源的条件

（1）利用江河湖海水库等天然水源作为消防水源时，其设计枯水流量保证率宜为 90% ~ 97%。看是否有条件采取防止冰凌、漂浮物、悬浮物等物质堵塞消防设施的技术措施。

（2）天然水源要具备在枯水位也能确保消防车、固定和移动消防水泵取水的技术条件，若要求消防车能够到达取水口，则还需要设置满足消防车到达取水口的消防车通道和消防车回车场或回车道。

（3）井水作为消防水源直接向消防给水系统供水时，水井不应少于两眼，且每眼井的深井泵均应采用一级供电负荷时，才可视为两路消防供水；若不满足，则视为一路消防供水。

（四）其他水源作为消防水源的条件

雨水清水池、中水清水池、水景和游泳池等，一般只宜作为备用消防水源。但当以上所列的水源必须作为消防水源时，应有保证在任何情况下均能满足消防给水系统所需的水量和水质的技术措施。

【考点三】消防水池、高位消防水池的容积【★★★★★】

水池的容积分为有效容积（储水容积）和无效容积（附加容积），其总容积为有效容积与无效容积之和。

（一）消防水池的有效容积

有效容积是消火栓、自动喷水灭火系统的设计流量与在火灾延续时间内可连续补充的流量的差值与火灾延续时间的乘积。《消防给水及消火栓系统技术规范》（GB 50974—2014）第 4.3.4 条规定，当消防水池采用两路消防供水且在火灾情况下连续补水能满足消防要求时，消防水池的有效容积应根据计算确定，但不应小于 100 m^3，当仅有消火栓系统时不应小于 50 m^3。

（二）消防水池的补水流量

《消防给水及消火栓系统技术规范》（GB 50974—2014）第 4.3.5 条规定，火灾延续时间内的连续补水流量应按消防水池最不利给水管供水量计算，并可按式 2—2—2—1 计算：

$$q_f=3\,600Av \qquad (2—2—2—1)$$

式中 q_f——火灾时消防水池的补水流量（m^3/h）；

A——消防水池给水管断面面积（m^2）；

v——管道内水的平均流速（m/s）。

（三）高位消防水池的有效容积

《消防给水及消火栓系统技术规范》（GB 50974—2014）第 4.3.11 条规定，高位消防水池的最低有效水位应能满足其所服务的水灭火设施所需的压力和流量，且其有效容积应满足火灾延续时间内所需消防用水量，并应符合下列规定：

（1）高位消防水池有效容积、出水、排水和水位应符合《消防给水及消火栓系统技术规范》（GB 50974—2014）第 4.3.8 条和第 4.3.9 条的规定。

（2）高位消防水池的通气管和呼吸管等应符合《消防给水及消火栓系统技术规范》（GB 50974—2014）第 4.3.10 条的规定。

（3）除可一路消防供水的建筑物外，向高位消防水池供水的给水管不应少于两条。

（4）当高层民用建筑采用高位消防水池供水的高压消防给水系统时，高位消防水池储存室内消防用水量确有困难，但火灾时补水可靠，其总有效容积不应小于室内消防用水量的 50%。

（5）高层民用建筑高压消防给水系统的高位消防水池总有效容积大于 200 m^3 时，宜设置蓄水有效容积相等且可独立使用的两格；但当建筑高度大于 100 m 时应设置独立的两座。每格或座应有一条独立的出水管向系统供水。

（6）高位消防水池设置在建筑物内时，应采用耐火极限不低于 2.00 h 的隔墙和 1.50 h 的楼板与其他部位隔开，并应设甲级防火门；且消防水池及其支承框架与建筑构件应连接牢固。

【考点四】消防水箱的设置范围与要求【6 ★】

采用临时高压消防给水系统的建筑物应设置高位消防水箱。设置常高压给水系统并能保证最不利点消火栓和自动喷水灭火系统等的水量和水压的建筑物，或设置干式消防竖管的建筑物，可不设置消防水箱。

（1）《消防给水及消火栓系统技术规范》（GB 50974—2014）第 5.2.1 条规定，临时高压消防给水系统的高位消防水箱的有效容积应满足初期火灾消防用水量的要求，并应符合下列规定：

1）一类高层公共建筑，不应小于 36 m^3，但当建筑高度大于 100 m 时，不应小于 50 m^3，当建筑高度大于 150 m 时，不应小于 100 m^3；

2）多层公共建筑、二类高层公共建筑和一类高层住宅，不应小于 18 m^3，当一类高层住宅建筑高度超过 100 m 时，不应小于 36 m^3；

3）二类高层住宅，不应小于 12 m^3；

4）建筑高度大于 21 m 的多层住宅，不应小于 6 m^3；

5）工业建筑室内消防给水设计流量小于或等于 25 L/s 时，不应小于 12 m^3，大于 25 L/s 时，不应小于 18 m^3；

6）总建筑面积大于 10 000 m^2 且小于 30 000 m^2 的商店建筑，不应小于 36 m^3；总建筑面积大于 30 000 m^2 的商店，不应小于 50 m^3，当与本条第 1）条规定不一致时应取其较大值。

（2）《消防给水及消火栓系统技术规范》（GB 50974—2014）第 5.2.2 条规定，高位消防水箱的设置位置应高于其所服务的水灭火设施，且最低有效水位应满足水灭火设施最不利点处的静水压力，并应符合下列规定：

1）一类高层公共建筑，不应低于 0.10 MPa。当建筑高度超过 100 m 时，不应低于 0.15 MPa。

2）高层住宅、二类高层公共建筑、多层公共建筑，不应低于 0.07 MPa；多层住宅不宜低于 0.07 MPa。

3）工业建筑，不应低于 0.10 MPa。当建筑高度超过 100 m 时，不应低于 0.15 MPa。

4）自动喷水灭火系统等自动水灭火系统应根据喷头灭火需求压力确定，但最小不应小于 0.10 MPa。

5）当高位消防水箱不能满足本条 1）～ 4）条的静压要求时，应设稳压泵。

（3）《消防给水及消火栓系统技术规范》（GB 50974—2014）第 5.2.6 条规定，高位消防水箱应符合下列规定：

1）高位消防水箱的有效容积、出水、排水和水位等应符合《消防给水及消火栓系统技术规范》（GB 50974—2014）第 4.3.8 条和第 4.3.9 条的有关规定。

2）高位消防水箱的最低有效水位应根据出水管喇叭口和防止旋流器的淹没深度确定，当采用出水管喇叭口时应符合《消防给水及消火栓系统技术规范》（GB 50974—2014）第 5.1.13 条第 4 款的规定；当采用防止旋流器时应根据产品确定，不应小于 150 mm 的保护高度。

3）高位消防水箱的通气管、呼吸管等应符合《消防给水及消火栓系统技术规范》（GB 50974—2014）第 4.3.10 条的有关规定。

4）高位消防水箱外壁与建筑本体结构墙面或其他池壁之间的净距，应满足施工或装配的需要，无管道的侧面，净距不宜小于 0.7 m；安装有管道的侧面，净距不宜小于 1.0 m，且管道外壁与建筑本体墙面之间的通道宽度不宜小于 0.6 m，设有人孔的水箱顶，其顶面与其上面的建筑物本体板底的净空不应小于 0.8 m。

5）进水管的管径应满足消防水箱 8 h 充满水的要求，但管径不应小于 *DN*32 mm，进水管宜设置液位阀或浮球阀。

6）进水管应在溢流水位以上接入，进水管口的最低点高出溢流边缘的高度应等于进水管管径，但最小不应小于 100 mm，最大不应大于 150 mm。

7）当进水管为淹没出流时，应在进水管上设置防止倒流的措施或在管道上设置虹吸破坏孔和真空破坏器。虹吸破坏孔的孔径不宜小于管径的 1/5，且不应小于 25 mm。但当采用生活给水系统补水时，进水管不应淹没出流。

8）溢流管的直径不应小于进水管直径的 2 倍，且不应小于 *DN*100 mm。溢流管的喇叭口直径不应小于溢流管直径的 1.5 ～ 2.5 倍。

9）高位消防水箱出水管管径应满足消防给水设计流量的出水要求，且不应小于 *DN*100 mm。

10）高位消防水箱出水管应位于高位消防水箱最低水位以下，并应设置防止消防用水进入高位消防水箱的止回阀。

11）高位消防水箱的进、出水管应设置带有指示启闭装置的阀门。

【考点五】消防水池、消防水箱安装及检测验收【★★★★★】

（1）《消防给水及消火栓系统技术规范》（GB 50974—2014）第12.3.3条规定，天然水源取水口、地下水井、消防水池和消防水箱安装施工，应符合下列要求：

1）天然水源取水口、地下水井、消防水池和消防水箱的水位、出水量、有效容积、安装位置，应符合设计要求。

2）天然水源取水口、地下水井、消防水池、消防水箱的施工和安装，应符合《给水排水构筑物工程施工及验收规范》（GB 50141—2008）和《建筑给水排水及采暖工程施工质量验收规范》（GB 50242—2002）的有关规定。

3）消防水池和消防水箱出水管或水泵吸水管应满足最低有效水位出水不掺气的技术要求。

4）安装时池外壁与建筑本体结构墙面或其他池壁之间的净距，应满足施工、装配和检修的需要。

5）钢筋混凝土制作的消防水池和消防水箱的进出水等管道应加设防水套管，钢板等制作的消防水池和消防水箱的进出水等管道宜采用法兰连接，对有振动的管道应加设柔性接头。组合式消防水池或消防水箱的进水管、出水管接头宜采用法兰连接，采用其他连接时应做防锈处理。

6）消防水池、消防水箱的溢流管、泄水管不应与生产或生活用水的排水系统直接相连，应采用间接排水方式。

（2）《消防给水及消火栓系统技术规范》（GB 50974—2014）第13.2.9条规定，消防水池、高位消防水池和高位消防水箱验收应符合下列要求：

1）设置位置应符合设计要求。

2）消防水池、高位消防水池和高位消防水箱的有效容积、水位、报警水位等，应符合设计要求。

3）进出水管、溢流管、排水管等应符合设计要求，且溢流管应采用间接排水。

4）管道、阀门和进水浮球阀等应便于检修，人孔和爬梯位置应合理。

5）消防水池吸水井、吸（出）水管喇叭口等设置位置应符合设计要求。

【考点六】消防水源的维护管理规定【★★】

《消防给水及消火栓系统技术规范》（GB 50974—2014）第14.0.3条规定，水源的维护管理应符合下列规定：

（1）每季度应监测市政给水管网的压力和供水能力。

（2）每年应对天然河湖等地表水消防水源的常水位、枯水位、洪水位，以及枯水位流量或蓄水量等进行一次检测。

（3）每年应对水井等地下水消防水源的常水位、最低水位、最高水位和出水量等进行一次测定。

（4）每月应对消防水池、高位消防水池、高位消防水箱等消防水源设施的水位等进行一次检测；消防水池（箱）玻璃水位计两端的角阀在不进行水位观察时应关闭。

（5）在冬季每天应对消防储水设施进行室内温度和水温检测，当结冰或室内温度低于5℃时，应采取确保不结冰和室温不低于5℃的措施。

【考点七】消防水泵工作原理与吸水方式【★★】

消防水泵是通过叶轮的旋转将能量传递给水，从而增加水的动能、压力能，并将其输送到灭火设备处，以满足各种灭火设备的水量、水压要求的设备，它是消防给水系统的心脏。目前，消防给水系统中使用的水泵多为离心泵，因为该类水泵具有适应范围广、型号多、供水连续、可随意调节流量等优点。

《消防给水及消火栓系统技术规范》（GB 50974—2014）第 5.1.12 条规定，消防水泵吸水应符合下列规定：

（1）消防水泵应采取自灌式吸水；

（2）消防水泵从市政管网直接抽水时，应在消防水泵出水管上设置有空气隔断的倒流防止器；

（3）当吸水口处无吸水井时，吸水口处应设置旋流防止器。

【考点八】消防水泵的选用要求及规定【★★】

（1）《消防给水及消火栓系统技术规范》（GB 50974—2014）第 5.1.6 条规定，消防水泵的选择和应用应符合下列规定：

1）消防水泵的性能应满足消防给水系统所需流量和压力的要求；

2）消防水泵所配驱动器的功率应满足所选水泵流量扬程性能曲线上任何一点运行所需功率的要求；

3）当采用电动机驱动的消防水泵时，应选择电动机干式安装的消防水泵；

4）流量扬程性能曲线应为无驼峰、无拐点的光滑曲线，零流量时的压力不应大于设计工作压力的 140%，且宜大于设计额定压力的 120%；

5）当出流量为设计流量的 150% 时，其出口压力不应低于设计压力的 65%；

6）泵轴的密封方式和材料应满足消防水泵在低流量时运转的要求；

7）消防给水同一泵组的消防水泵型号宜一致，且工作泵不宜超过 3 台；

8）多台消防水泵并联时，应校核流量叠加对消防水泵出口压力的影响。

（2）《消防给水及消火栓系统技术规范》（GB 50974—2014）第 5.1.7 条规定，消防水泵的主要材质应符合下列规定：

1）水泵外壳宜为球墨铸铁；

2）叶轮宜为青铜或不锈钢。

【考点九】消防水泵安装前检查（见表 2—2—2—2）【★★】

表 2—2—2—2 消防水泵安装前检查

检查项目	检查要求
外观质量	1. 所有铸件外表面不应有明显的结疤、气泡、砂眼等缺陷 2. 泵体以及各种外露的罩壳、箱体均应喷涂大红漆，涂层质量应符合相关规定 3. 消防水泵的形状尺寸和安装尺寸与提供的安装图样应相符 4. 铭牌上标注的泵的型号、名称、特性应与设计说明一致

续表

检查项目	检查要求
材料要求	1. 水泵外壳宜为球墨铸铁，水泵叶轮宜为青铜或不锈钢 2. 泵体、泵轴、叶轮等的材质合格证应符合要求
结构要求	1. 泵的结构形式应保证易于现场维修和更换零件。紧固件及自锁装置不应因振动等原因而产生松动 2. 消防泵体上应铸出表示旋转方向的箭头 3. 泵应设置放水旋塞，放水旋塞应处于泵的最低位置以便排尽泵内余水
机械性能	1. 消防水泵的型号与设计型号一致 2. 轴封处密封良好，无线状泄漏现象
消防水泵控制柜	1. 消防水泵控制柜的控制功能满足设计要求 2. 控制柜体端正，表面应平整，涂层颜色均匀一致，无眩光，且控制柜外表面没有明显的磕碰伤痕和变形掉漆 3. 控制柜面板设有电源电压、电流、水泵启 / 停状况及故障的声光报警等显示 4. 控制柜导线的规格和颜色符合现行国家标准的有关规定 5. 面板上的按钮、开关、指示灯应易于操作和观察，且有功能标示 6. 控制柜内的电气元件及材料安装合理，其工作位置符合产品使用说明书的规定

【考点十】消防水泵的安装操作要求【★★★★】

（1）消防水泵的分体安装。应先安装水泵，再安装电动机。小型水泵的找正，一般用水平尺放在水泵轴上测量轴向水平，放在水泵进（出）口垂直法兰面上测量径向水平。大型水泵则采用水准仪和吊线法找正，然后进行泵体固定，最后安装电动机，使电动机联轴器与水泵联轴器对接，使水泵轴中心线与电动机轴中心线在同一水平线上。

（2）消防水泵的整体安装。整体安装时，首先清除泵座底面上的油腻和污垢，将水泵吊装放置在水泵基础上；然后通过调整水泵底座与基础之间的垫铁厚度，使水泵底座找正找平；对水泵的轴线、进出水口中心线进行检查和调整；最后进行泵体固定，用水泥砂浆浇灌地脚螺栓孔，待水泥砂浆凝固后，找平泵座并拧紧地脚螺栓螺母。

（3）相邻两个机组及机组至墙壁间的间距应符合表 2—2—2—3 的规定。

表 2—2—2—3　　消防水泵相邻两个机组及机组至墙壁间的最小间距

电动机容量（kW）	消防水泵相邻两个机组及机组至墙壁间的最小间距（m）
＜22	0.6
≥22 至≤55	0.8
＞55 至＜255	1.2
＞255	1.5

除了以上机组间距要求外，泵房主要人行通道宽度不宜小于 1.2 m，电气控制柜前通道宽度不宜小于 1.5 m。

（4）水泵机组基础的平面尺寸，有关资料如未明确，无隔振安装应比水泵机组底座四周各宽出 100 ~ 150 mm；有隔振安装应比水泵隔振台座四周各宽出 150 mm。

（5）水泵机组基础的顶面标高，无隔振安装时应高出泵房地面不小于 0.10 m；有隔振安装时可高出泵房地面不小于 0.05 m。泵房内管道管外底距地面的距离：当管径 $DN \leqslant 150$ mm 时，不应小于 0.20 m；当管径 $DN \geqslant 200$ mm 时，不应小于 0.25 m。

（6）水泵吸水管水平段偏心大小头应采用管顶平接，避免产生气囊和漏气现象。

【考点十一】消防水泵的检测验收要求【★★★★★】

（1）消防水泵运转应平稳，应无不良噪声的振动。

（2）吸水管、出水管上的控制阀应锁定在常开位置，并有明显标记。

（3）消防水泵应采用自灌式引水或其他可靠的引水措施，并保证全部有效储水被有效利用。

（4）打开消防水泵出水管上试水阀，当采用主电源启动消防水泵时，消防水泵应启动正常；关掉主电源，主、备电源应能正常切换；消防水泵就地和远程启/停功能应正常，并向消防控制室反馈状态信号。

（5）在阀门出口用压力表检查消防水泵停泵时，水锤消除设施后的压力不应超过水泵出口设计额定压力的 1.4 倍。

（6）消防水泵启动控制按钮应置于自动启动挡。

【考点十二】消防水泵控制柜的安装和检测验收【★★★★★】

（一）安装要求

（1）控制柜的基座，其水平度误差不大于 ±2 mm，并应做防腐处理及防水措施。

（2）控制柜与基座采用不小于 ϕ12 mm 的螺栓固定，每只柜不应少于四只螺栓。

（3）做控制柜的上下进出线口时，不应破坏控制柜的防护等级。

（二）验收要求

（1）控制柜的电气图样塑封后牢固粘贴于柜门内侧。

（2）控制柜的质量符合产品标准。

【考点十三】消防水泵维护管理规定【★★】

（1）每月应手动启动消防水泵运转一次，并检查供电电源的情况。

（2）每周应模拟消防水泵自动控制的条件自动启动消防水泵运转一次，且自动记录自动巡检情况，每月应检测记录。

（3）每日对柴油机消防水泵的启动电池的电量进行检测，每周检查储油箱的储油量，每月应手动启动柴油机消防水泵运行一次。

（4）每季度应对消防水泵的出流量和压力进行一次试验。

【考点十四】消防管道的设置要求【★★★】

（一）室外消防给水管道

1. 室外消防给水管道的布置要求

（1）室外消防给水采用两路消防供水时，应布置成环状，但当采用一路消防供水时，可布置成枝状。

（2）向环状管网输水的进水管不应少于两条，当其中一条发生故障时，其余的进水管应能满足消防用水总量的供给要求。

（3）消防给水管道应采用阀门分成若干独立段，每段内室外消火栓的数量不宜超过 5 个。

（4）管道的直径应根据流量、流速和压力要求经计算确定，但不应小于 *DN*100 mm，有条件的应不小于 *DN*150 mm。

（5）室外消防给水管道设置的其他要求应符合《室外给水设计规范》（GB 50013—2016）的有关规定。

2. 管材

埋地管道宜采用球墨铸铁管、钢丝网骨架塑料复合管和加强防腐的钢管等管材，室内外架空管道应采用热浸镀锌钢管等金属管材，并应考虑系统工作压力、覆土深度、土壤的性质、管道的耐腐蚀能力，可能受到土壤、建筑基础、机动车和铁路等其他附加荷载的影响以及管道穿越伸缩缝和沉降缝等综合影响，合理选择管材和设计管道。

（1）埋地管道当系统工作压力不大于 1.20 MPa 时，宜采用球墨铸铁管或钢丝网骨架塑料复合管；当系统工作压力大于 1.20 MPa 且小于 1.60 MPa 时，宜采用钢丝网骨架塑料复合管、加厚钢管和无缝钢管；当系统工作压力大于 1.60 MPa 时，宜采用无缝钢管。

（2）架空管道当系统工作压力小于或等于 1.20 MPa 时，可采用热浸镀锌钢管；当系统工作压力大于 1.20 MPa 且小于 1.60 MPa 时，应采用热浸镀锌加厚钢管或热浸镀锌无缝钢管；当系统工作压力大于 1.60 MPa 时，应采用热浸镀锌无缝钢管。

3. 阀门

（1）消防给水系统的阀门选择应符合：

1）埋地管道的阀门宜采用带启闭刻度的暗杆闸阀，当设置在阀门内时可采用耐腐蚀的明杆闸阀。

2）室内架空管道的阀门宜采用蝶阀、明杆闸阀或带启闭刻度的暗杆闸阀等。

3）室外架空管道宜采用带启闭刻度的暗杆闸阀或耐腐蚀的明杆闸阀。

消防给水系统管道的最高点处宜设置自动排气阀。消防水泵出水管上的止回阀宜采用水锤消除止回阀，当消防水泵供水高度超过 24 m 时，应采用水锤消除器。当消防水泵出水管上设有囊式气压水罐时，可不设水锤消除设施。在寒冷、严寒地区，室外阀门井应采取防冻措施。消防给水系统的室内外消火栓、阀门等设置位置，应设置永久性固定标志。

（2）减压阀的设置应符合：

1）减压阀应设置在报警阀组入口前，当连接两个及以上报警阀组时，应设置备用减压阀。

2）减压阀的进口处应设置过滤器，过滤器的孔网直径不宜小于 4 ~ 5 目 /cm^2，过流面积不应小于管道截面面积的 4 倍。

3）过滤器和减压阀前后应设压力表，压力表的表盘直径不应小于 100 mm，最大量程宜为设计压力的 2 倍。

4）过滤器前和减压阀后应设置控制阀门。

5）减压阀后应设置压力试验排水阀。

6）减压阀应设置流量检测测试接口或流量计。

7）垂直安装的减压阀，水流方向宜向下。

8）比例式减压阀宜垂直安装，可调式减压阀宜水平安装。

9）减压阀和控制阀门宜有保护或锁定调节配件的装置。

10）接减压阀的管段不应有气堵、气阻。

4. 敷设

埋地管道的地基、基础、垫层、回填土压实度等的要求，应根据刚性管或柔性管管材的性质，结合管道埋设处的具体情况，按《给水排水管道工程施工及验收规范》（GB 50268—2008）和《给水排水工程管道结构设计规范》（GB 50332—2002）的有关规定执行。当埋地管直径不小于 *DN*100 mm 时，应在管道弯头、三通和堵头等位置设置钢筋混凝土支墩。消防给水管道不宜穿越建筑基础，当必须穿越时，应采取防护套管等保护措施。埋地钢管和铸铁管，应根据土壤和地下水腐蚀性等因素确定管外壁防腐措施；海边、空气潮湿等空气中含有腐蚀性介质的场所的架空管道外壁应采取相应的防腐措施。

（二）室内消防给水管网

室内消防给水管网是室内消火栓给水系统的重要组成部分，为确保供水安全可靠，其在布置时应符合下列规定：

（1）室内消火栓系统管网应布置成环状，当室外消火栓设计流量不大于 20 L/s，且室内消火栓不超过 10 个时，除《消防给水及消火栓系统技术规范》（GB 50974—2014）第 8.1.2 条外，可布置成枝状。

（2）当由室外生产生活消防合用系统直接供水时，合用系统除应满足室外消防给水设计流量以及生产和生活最大小时设计流量的要求外，还应满足室内消防给水系统的设计流量和压力要求。

（3）室内消防管道管径应根据系统设计流量、流速和压力要求经计算确定；室内消火栓竖管管径应根据竖管最低流量经计算确定，但不应小于 *DN*100 mm。

（4）室内消火栓环状给水管道检修时应符合下列规定：

1）室内消火栓竖管应保证检修管道时关闭停用的竖管不超过 1 根，当竖管超过 4 根时，可关闭不相邻的 2 根。

2）每根竖管与供水横干管相接处应设置阀门。

（5）室内消火栓给水管网宜与自动喷水等其他水灭火系统的臂网分开设置：当合用消防泵时，供水管路沿水流方向应在报警阀前分开设置。

（6）消防给水管道的设计流速不宜大于 2.5 m/s，自动喷水灭火系统管道设计流速应符合《自动喷水灭火系统设计规范》（GB 50084—2017）、《泡沫灭火系统设计规范》（GB 50151—2010）、《水喷雾灭火系统设计规范》（GB 50219—2014）和《固定消防炮灭火系统设计规范》（GB 50338—2003）的有关规定，但任何消防管道的给水流速不应大于 7 m/s。

【考点十五】室外消火栓系统的构成【★★】

室外消火栓系统由消防水源、消防供水设备、室外消防给水管网和室外消火栓灭火设施组成。

【考点十六】室外消火栓系统的设置范围【★★】

（1）城镇（包括居住区、商业区、开发区、工业区等）应沿可通行消防车的街道设置市政消火栓系统。

（2）民用建筑、厂房（仓库）、储罐（区）和堆场周围应设置室外消火栓系统。

（3）用于消防救援和消防车停靠的屋面上，应设置室外消火栓系统。

（4）耐火等级不低于二级且建筑体积不大于 3 000 m^3 的戊类厂房，或居住区人数不超过 500 人且建筑层数不超过两层的居住区，可不设置室外消火给水系统。

【考点十七】室外消火栓系统工作原理（见表 2—2—2—4）【★★】

表 2—2—2—4　　室外消火栓系统工作原理

室外消火栓系统	工作原理
常高压消防给水系统	常高压消防给水系统始终能保持满足水灭火系统所需的工作压力和流量，火灾时无需开启消防水泵。该形式的系统可向任何水灭火系统供水
临时高压消防给水系统	临时高压消防给水系统平时不能满足水灭火系统所需的工作压力和流量，火灾发生时需启动消防水泵。该系统也可向任何水灭火系统供水
低压消防给水系统	低压消防给水系统管网内的压力较低，当火灾发生后，消防队员打开最近的室外消火栓，将消防车与室外消火栓连接，从室外管网内吸水加入消防车内，然后利用消防车直接加压灭火，或者由消防车通过水泵接合器向室内管网内加压供水

【考点十八】室外消火栓的设置要求【★★★】

（1）建筑室外消火栓的数量应根据室外消火栓设计流量和保护半径经计算确定，保护半径不应大于 150.0 m，每个室外消火栓的出流量宜按 10 ～ 15 L/s 计算，室外消火栓宜沿建筑周围均匀布置，且不宜集中布置在建筑一侧；建筑消防扑救面一侧的室外消火栓数量不宜少于 2 个。

（2）人防工程、地下工程等建筑应在出入口附近设置室外消火栓，距出入口的距离不宜小于 5 m，并不宜大于 40 m；停车场的室外消火栓宜沿停车场周边设置，与最近一排汽车的距离不宜小于 7 m，距加油站或油库不宜小于 15 m。

（3）甲、乙、丙类液体储罐区和液化烃罐罐区等构筑物的室外消火栓，应设在防火堤或防护墙外，数量应根据每个罐的设计流量经计算确定，但距罐壁 15 m 范围内的消火栓，不应计算在该罐可使用的数量内。

（4）工艺装置区等采用高压或临时高压消防给水系统的场所，其周围应设置室外消火栓，数量应根据设计流量经计算确定，且间距不应大于 60.0 m。当工艺装置区宽度大于 120.0 m 时，宜在该装置区内的路边设置室外消火栓。当工艺装置区、罐区、堆场、可燃气体和液体码头等构筑物的面积较大或高度较高，室外消火栓的充实水柱无法完全覆盖时，宜在适当部位设置室外固定消防炮。当工艺装置区、储罐区、堆场等构筑物采用高压或临时高压消防给水系统时，其室外消火栓处宜配置消防水带和消防水枪，工艺装置区等需要设置室内消火栓的场所，应设置在工艺装置休息平台处。

（5）室外消防给水引入管当设有倒流防止器且发生火灾时因其水头损失导致室外消火栓不能满足《消防给水及消火栓系统技术规范》（GB 50974—2014）第 7.2.8 条的要求，应在该倒流防止器前设置一个室外消火栓。

【考点十九】室外消火栓安装前检查【★★】

（1）产品标识检查。目测，对照产品的检验报告，合格的室外消火栓应在阀体或阀盖上铸出型号、规格和商标且应与检验报告描述一致，如发现不一致的，则一致性检查不合格。

（2）消防接口检查。用小刀轻刮外螺纹固定接口和吸水管接口，目测外螺纹固定接口和吸水管接口的本体材料应由铜或不锈钢材料制造。

（3）排放余水装置检查。目测，室外消火栓应有自动排放余水装置。

（4）材料检查。打开室外消火栓，目测，栓阀座应用铸造铜合金制作，阀杆螺母材料性能应不低于黄铜。

【考点二十】室外消火栓的施工安装要求【★★】

（一）管道安装要求

（1）管道在焊接前应清除接口处的浮锈、污垢及油脂。

（2）室外消火栓安装前，管件内外壁均涂沥青冷底子油两遍，外壁须另加热沥青两遍、面漆一遍，埋入土中的法兰盘接口涂沥青冷底子油两遍，外壁需另加热沥青两遍、面漆一遍，并用沥青麻布包严。

（二）栓体安装要求

（1）消火栓安装位于人行道沿上 1.0 m 处，采用钢制双盘短管调整高度，做内外防腐。

（2）室外地上式消火栓安装时，消火栓顶距地面高为 0.64 m，立管应垂直、稳固，控制阀门井距消火栓不应超过 1.5 m，消火栓弯管底部应设支墩或支座。

（3）地下式室外消火栓应安装在消火栓井内，消火栓井一般用 MU7.5 红砖、M7.5 水泥砂浆砌筑。消火栓井内径不应小于 1.5 m。井内应设爬梯以方便阀门的维修。

（4）消火栓与主管连接的三通或弯头下部位应带底座，底座应加垫混凝土支墩，支墩与三通、弯头底部用 M7.5 水泥砂浆抹成八字托座。

（5）消火栓井内供水主管底部距井底不应小于 0.2 m，消火栓顶部至井盖底距离应不小于 0.2 m，冬季室外温度低于 −20℃的地区，地下消火栓井口需做保温处理。

（6）安装地上式室外消火栓时，其放水口应用粒径为 20 ～ 30 mm 的卵石做渗水层，铺设半径为 500 mm，铺设厚度自地面下 100 mm 至槽底。铺设渗水层时，应保护好放水弯头，以免损坏。

【考点二十一】室外消火栓检测验收【★★★】

（1）室外消火栓的选型、规格、数量、安装位置应符合设计要求。

（2）同一建筑物内设置的室外消火栓应采用统一规格的栓口及配件。

（3）室外消火栓应设置明显的永久性固定标志。

（4）室外消火栓水量及压力应满足要求。

【考点二十二】室外消火栓系统的维护管理【★★】

（一）地下式消火栓的维护管理

地下式消火栓应每季度进行一次检查保养，其内容主要包括：

（1）用专用扳手转动消火栓启动杆，观察其灵活性，必要时加注润滑油。

（2）检查橡胶垫圈等密封件有无损坏、老化或丢失等情况。

（3）检查栓体外表油漆有无脱落，有无锈蚀，如有应及时修补。

（4）入冬前检查消火栓的防冻设施是否完好。

（5）重点部位消火栓，每年应逐一进行一次出水试验，出水应满足压力要求。在检查中可使用压力表测试管网压力，或者连接水带进行射水试验，检查管网压力是否正常。

（6）随时消除消火栓井周围及井内积存的杂物。

（7）地下式消火栓应有明显标志，要保持室外消火栓配套器材和标志的完整有效。

（二）地上式消火栓的维护管理要求

（1）用专用扳手转动消火栓启动杆，检查其灵活性，必要时加注润滑油。

（2）检查出水口闷盖是否密封，有无缺损。

（3）检查栓体外表油漆有无剥落，有无锈蚀，如有应及时修补。

（4）每年开春后、入冬前对地上式消火栓逐一进行出水试验，出水压力应满足要求。在检查中可使用压力表测试管网压力，或者连接水带进行射水试验，检查管网压力是否正常。

（5）定期检查消火栓前端阀门井。

（6）保持配套器材的完备有效，无遮挡。

【考点二十三】室内消火栓系统的构成【★★】

室内消火栓系统由消防给水设施、消防给水管网、室内消火栓设备、报警控制设备及系统附件等组成。

【考点二十四】室内消火栓系统设置场所【★★★】

（1）《建筑设计防火规范》（GB 50016—2014）第 8.2.1 条规定，下列建筑或场所应设室内消火栓系统：

1）建筑占地面积大于 300 m^2 的厂房（仓库）。

2）高层公共建筑和建筑高度大于 21 m 的住宅建筑。

3）体积大于 5 000 m^3 的车站、码头、机场的候车（船、机）楼以及展览建筑、商店建筑、旅馆建筑、医疗建筑和图书馆建筑等单、多层建筑。

4）特等、甲等剧场，超过 800 个座位的其他等级的剧场和电影院等，超过 1 200 个座位的礼堂、体育馆等单、多层建筑。

5）建筑高度大于 15 m 或体积大于 10 000 m^3 的办公建筑、教学建筑和单、多层民用建筑。

（2）可不设室内消火栓系统的建筑如下：

1）存有与水接触能引起燃烧、爆炸的物品的建筑物和室内没有生产、生活给水管道，室外消防用水取自储水池且建筑体积不大于 5 000 m^3 的其他建筑。

2）耐火等级为一、二级且可燃物较少的单层、多层丁、戊类厂房（仓库），耐火等级为三、四级且建筑体积小于或等于 3 000 m^3 的丁类厂房和建筑体积小于或等于 5 000 m^3 的戊类厂房（仓库）。

3）粮食仓库、金库以及远离城镇且无人值班的独立建筑。

（3）下列场所宜设置消防卷盘或轻便消防水龙：

1）人员密集的公共建筑、建筑高度大于 100 m 的建筑和建筑面积大于 200 m^2 的商业服务网点内应设置消防软管卷盘或轻便消防水龙。

2）高层住宅建筑的户内宜配置轻便消防水龙。

【考点二十五】室内消火栓系统给水方式（见表 2—2—2—5）【★★】

表 2—2—2—5 室内消火栓系统给水方式

给水方式	说明
由室外给水管网直接供水的消防给水方式	室外给水管网提供的水量和水压，在任何时候均能满足室内消火栓给水系统所需的水量、水压要求时采用
设水箱的消火栓给水方式	由室外给水管网向水箱供水，箱内储存 10 min 消防用水量。适用于室外管网水压周期性不足及室内用水要求水压稳定，并且允许设置水箱的建筑物
设水泵、水箱的消火栓给水方式	由室外给水管网向水箱供水，箱内储存 10 min 消防用水量。适用于室外管网水压周期性不足及室内用水要求水压稳定，并且允许设置水箱的建筑物和允许水泵直接从室外管网吸水
设水池、水泵的消防给水方式	设水池、水泵的给水方式适用于室外给水管网的水压经常不能满足室内供水所需的建筑
设水泵、水池、水箱的消火栓给水方式	适用于对消防供水要求较高，同时室外给水管网的水压经常不能满足室内供水所需的建筑
分区给水方式	适用于建筑物较高，室外给水管网的水压经常不能满足高区室内供水所需的建筑

【考点二十六】室内消火栓系统设置要求【★★★】

（一）室内消火栓的设置要求

（1）应采用 *DN*65 mm 的室内消火栓，并可与消防软管卷盘或轻便水龙设置在同一箱体内。配置 *DN*65 mm 有内衬里的消防水带，长度不宜超过 25.0 m；宜配置喷嘴当量直径 16 mm 或 19 mm 的消防水枪，但当消火栓设计流量为 2.5 L/s 时，宜配置喷嘴当量直径 11 mm 或 13 mm

的消防水枪。

（2）设置室内消火栓的建筑，包括设备层在内的各层均应设置消火栓。

（3）屋顶设有直升机停机坪的建筑，应在停机坪出入口处或非电气设备机房处设置消火栓，且距停机坪机位边缘的距离不应小于 5.0 m。

（4）消防电梯前室应设置室内消火栓，并应计入消火栓使用数量。

（5）室内消火栓的布置应满足同一平面有 2 支消防水枪的 2 股充实水柱同时达到任何部位的要求，但建筑高度小于或等于 24.0 m 且体积小于或等于 5 000 m^3 的多层仓库、建筑高度小于或等于 54 m 且每单元设置一部疏散楼梯的住宅，以及《消防给水及消火栓系统技术规范》（GB 50974—2014）第 3.5.2 条中规定可采用一支消防水枪计算消防量的场所，可采用一支消防水枪的一股充实水柱到达室内任何部位。

（6）建筑室内消火栓栓口的安装高度应便于消防水龙带的连接和使用，其距地面高度宜为 1.1 m；其出水方向应便于消防水带的敷设，并宜与设置消火栓的墙面成 90° 角或向下。

（7）设有室内消火栓的建筑应设置带有压力表的试验消火栓，其设置位置对于多层和高层建筑应在其屋顶设置，严寒、寒冷等冬季结冰地区可设置在顶层出口处或水箱间内等便于操作和防冻的位置；对于单层建筑宜设置在水力最不利处，且应靠近出入口。

（8）室内消火栓宜按直线距离计算其布置间距，对于消火栓按两支消防水枪的两股充实水柱布置的建筑物，消火栓的布置间距不应大于 30.0 m；对于消火栓按一支消防水枪的一股充实水柱布置的建筑物，消火栓的布置间距不应大于 50.0 m。

（9）建筑高度不大于 27 m 的住宅，当设置消火栓系统时，可采用干式消防竖管。干式消防竖管宜设置在楼梯间休息平台，且仅应配置消火栓栓口。干式消防竖管应设置消防车供水接口，消防车供水接口应设置在首层便于消防车接近和安全的地点，竖管顶端应设置自动排气阀。

（10）住宅户内宜在生活给水管道上预留一个接 *DN*15 mm 消防软管或轻便水龙的接口。跃层住宅和商业网点的室内消火栓应至少满足一股充实水柱到达室内任何部位，并宜设置在户门附近。

（二）室内消火栓栓口压力和消防水枪充实水柱

充实水柱是指由水枪喷嘴起至射流 90% 的水柱水量穿过直径为 380 mm 圆孔处的一段射流长度。

（1）消火栓栓口动压不应大于 0.50 MPa，当大于 0.70 MPa 时，必须设置减压装置。

（2）高层建筑、厂房、库房和室内净空高度超过 8 m 的民用建筑等场所，其消火栓栓口动压不应小于 0.35 MPa，且消防水枪充实水柱应达到 13 m；其他场所的消火栓栓口动压不应小于 0.25 MPa，且消防水枪充实水柱应达到 10 m。

（三）消防软管卷盘和轻便水龙的设置要求

消防软管卷盘由小口径消火栓、输水缠绕软管、小口径水枪等组成。

（1）消防软管卷盘应配置内径不小于 ϕ19 mm 的消防软管，其长度宜为 30 m，轻便水龙应配置 *DN*25 mm 有内衬里的消防水带，长度宜为 30.0 m。消防软管卷盘和轻便水龙应配置当量喷嘴直径为 6 mm 的消防水枪。

（2）消防软管卷盘和轻便水龙的用水量可不计入消防用水总量。

（3）剧院、会堂闷顶内的消防软管卷盘应设在马道入口处，以方便工作人员使用。

【考点二十七】室内消火栓系统安装前检查【★★】

（一）室内消火栓检查

（1）产品标识检查。对照产品的检验报告，室内消火栓应在阀体或阀盖上铸出型号、规格和商标，且与检验报告描述一致，如发现不一致的，则一致性检查不合格。

（2）手轮检查。室内消火栓手轮轮缘上应明显地铸出标示开关方向的箭头和字样，手轮直径应符合要求。

（3）材料检查。室内消火栓阀座及阀杆螺母材料性能应不低于黄铜，阀杆本体材料不低于铅黄铜。

（二）消火栓箱的检查

（1）外观质量和标志检查。消火栓箱箱体应设耐久性铭牌，包括以下内容：产品名称、产品型号、批准文件的编号、注册商标或厂名、生产日期、执行标准。现场检查时可以用小刀轻刮箱体内外表面图层，查看是否经过防腐处理。此外，目测消火栓箱箱门正面，应以直观、醒目、匀整的字体标注“消火栓”字样，且字体高不得小于高 100 mm，宽不得小于 80 mm。

（2）器材的配置和性能检查。按照室内消火栓箱的产品检验报告，箱内消防器材的配置应该与报告一致，且栓箱内配置的消防器材（水枪、水带等）应符合各产品现场检查的要求。

（3）箱门检查。消火栓箱应设置门锁或箱门关紧装置。设置门锁的消火栓箱，除箱门安装玻璃以及能被击碎的透明材料外，均应设置箱门紧急开启的手动机构，以保证在没有钥匙的情况下开启灵活、可靠，且箱门开启角度不得小于 160°，并无卡阻现象。

（4）水带安置检查。盘卷式消火栓箱的水带盘从挂臂上取出应无卡阻。

（5）材料检查。室内消火栓箱刮开箱体涂层，使用千分尺进行测量，箱体应使用厚度不小于 1.2 mm 的薄钢板或铝合金材料制造，箱门玻璃厚度不小于 4.0 mm。

（三）消防水带的检查

（1）产品标识检查。对照水带的 3 C 认证型式检验报告，看该产品名称、型号、规格是否一致。每根消防水带应以有色线作带身中心线，在端部附近中心线两侧须用不易脱落的油墨清晰地印上下列标志：产品名称、设计工作压力、规格（公称内径及长度）、经线、纬线及衬里的材质、生产厂名、注册商标、生产日期。

（2）织物层外观质量检查。合格消防水带的织物层应编织均匀，表面整洁，无跳双经、断双经、跳纬及划伤。

（3）消防水带长度检查。将整卷水带打开用卷尺测量其总长度，测量时应不包括水带的接口，将测得的数据与有衬里消防水带的标称长度进行对比，如消防水带长度小于消防水带长度规格 1 m 以上的，则可以判该产品为不合格。

（4）压力试验。截取 1.2 m 长的消防水带，使用手动试压泵或电动试压泵平稳加压至试验压力，保压 5 min，检查消防水带是否有渗漏现象，有渗漏则不合格。在试验压力状态下，继续加压，升压至试样爆破，其爆破时压力应不小于消防水带工作压力的 3 倍。如常用 8 型消防水带的试验压力为 1.2 MPa，爆破压力应不小于 3.6 MPa。

（四）消防水枪的检查

（1）表面质量检查。合格的消防水枪铸件表面应无结疤、裂纹及孔眼。使用小刀轻刮消防水枪铝制件表面，检查是否进行过阳极氧化处理。

（2）抗跌落性能检查。将消防水枪（旋转开关处于关闭位置）以喷嘴垂直朝上、喷嘴垂直朝下以及水枪轴线处于水平（若有开关时，开关处于水枪轴线之下处并处于关闭位置）三个位置，从离地（2.0 ± 0.02）m 高处（从水枪的最低点算起）自由跌落到混凝土地面上。消防水枪在每个位置各跌落两次，然后再检查，如果消防接口跌落后出现断裂或不能正常操纵使用的，则判该产品为不合格。

（3）密封性能检查。封闭消防水枪的出水端，将水枪的进水端通过接口与手动试压泵或电动试压泵装置相连，排除枪体内的空气，然后缓慢加压至最大工作压力的 1.5 倍，保压 2 min，消防水枪不应出现裂纹、断裂或影响正常使用的残余变形。

（五）消防接口的检查

（1）外观检查。使用小刀轻刮消防接口表面，目测，表面应进行过阳极氧化处理或静电喷塑防腐处理。

（2）抗跌落性能检查。内扣式消防接口以扣爪垂直朝下的位置，将接口的最低点离地面（1.5 ± 0.05）m 高度，然后自由跌落到混凝土地面上。反复进行五次后，检查接口是否断裂，是否能与相同口径的消防接口正常连接。如果消防接口跌落后出现断裂或不能正常操纵使用的，则判定该产品不合格。卡式消防接口和螺纹式消防接口以消防接口的轴线呈水平状态，将消防接口的最低点离地面（1.5 ± 0.05）m 高度，然后自由跌落到混凝土地面上。反复进行五次后，检查接口是否断裂，并进行操作。如果消防接口跌落后出现断裂或不能正常操纵使用的，则判定该产品不合格。

【考点二十八】室内消火栓的施工安装要求【★★】

（一）安装准备

（1）消火栓系统管材一般采用碳素钢管或无缝钢管，管材不得有弯曲、锈蚀、重皮及凹凸不平等现象。

（2）消火栓箱体表面平整、光洁。金属箱体无锈蚀、划伤，箱门开启灵活。箱体方正，箱内配件齐全。

（3）栓阀外形规矩，无裂纹，启闭灵活，关闭严密，密封填料完好，有产品出厂合格证。

（二）管道安装要求

（1）管道安装必须按图样设计要求的轴线位置和标高进行定位放线。安装顺序一般是主干管、干管、分支管、横管、垂直管。

（2）室内与走廊必须按图样设计要求的天花高度，首先让主干管紧贴梁底走管，干管、分支管紧贴梁底或楼板底走管。

（3）管井的消防立管安装采用从下至上的安装方法，即管道从管井底部逐层驳接安装，直至立管全部安装完，并且固定至各层支架上。

（4）管道穿梁及地下室剪力墙、水池等，应装设预埋套管。

（5）管网安装完毕后，应对其进行强度试验、冲洗和严密性试验。

1）水压强度试验的测试点应设在系统管网的最低点。对管网注水时，应将管网内的空气排净，并应缓慢升压，达到试验压力后，稳压 30 min，管网应无泄漏、无变形，且压力降不应大于 0.05 MPa。

2）管网冲洗应在试压合格后分段进行。冲洗顺序应先室外、后室内，先地下、后地上。室内部分的冲洗应按配水干管、配水管、配水支管的顺序进行。管网冲洗结束后，应将管网内的水排除干净。

3）水压严密性试验应在水压强度试验和管网冲洗合格后进行。试验压力应为设计工作压力，稳压 24 h，应无泄漏。

（三）栓体及配件安装要求

（1）消火栓支管要以栓阀的坐标、标高来定位，然后稳固消火栓箱，箱体找正稳固后再把栓阀安装好，当栓阀侧装在箱内时应在箱门开启的一侧，箱门开关应灵活。

（2）消火栓箱体安装在轻体隔墙上应有加固措施。

（3）箱体配件安装应在交工前进行。消防水带应折好放在挂架上或卷实、盘紧放在箱内；消防水枪要竖放在箱体内侧，自救式水枪和软管应放在挂卡上或放在箱底部。消防水带与水枪、快速接头的连接，一般用 14# 铅丝绑扎两道，每道不少于两圈，使用卡箍时，在里侧加一道铅丝。设有电控按钮时，应注意与电气专业配合施工。

（4）管道支架、吊架的接口缝距支、吊连接缘不应小于 50 mm，焊缝不得放在墙内。

（5）阀门的安装应紧固、严密，与管道中心垂直，操作机构灵活准确。

【考点二十九】室内消火栓的检测验收【★★★★】

（一）室内消火栓检测验收要求

（1）室内消火栓的选型、规格应符合设计要求。

（2）同一建筑物内设置的消火栓应采用统一规格的栓口、水枪和水带及配件。

（3）试验用消火栓栓口处应设置压力表。

（4）当消火栓设置减压装置时，减压装置应符合设计要求。

（5）室内消火栓应设置明显的永久性固定标志。

（二）消火栓箱检测验收要求

（1）栓口出水方向宜向下或与设置消火栓的墙面成 90° 角，栓口不应安装在门轴侧。

（2）如设计未要求，栓口中心距地面应为 1.1 m，但每栋建筑物应一致，允许偏差 ±20 mm。

（3）阀门的设置位置应便于操作使用，阀门的中心距箱侧面为 140 mm，距箱后内表面为 100 mm，允许偏差 ±5 mm。

（4）室内消火栓箱的安装应平正、牢固，暗装的消火栓箱不能破坏隔墙的耐火等级。

（5）消火栓箱体安装的垂直度允许偏差为 ±3 mm。

（6）消火栓箱门的开启角度应不小于 160°。

（7）不论消火栓箱的安装形式如何（明装、暗装、半暗装），均不能影响疏散宽度。

【考点三十】室内消火栓系统的维护管理【★★★】

（一）室内消火栓的维护管理

室内消火栓箱内应经常保持清洁、干燥，防止锈蚀、碰伤或其他损坏，每半年至少进行一次全面的检查维修，主要内容有：

（1）检查消火栓和消防卷盘供水闸阀是否渗漏水，若渗漏水及时更换密封圈。

（2）对消防水枪、水带、消防卷盘及其他配件进行检查，全部附件应齐全完好，卷盘转动灵活。

（3）检查消火栓启动按钮、指示灯及控制线路，应功能正常、无故障。

（4）消火栓箱及箱内装配的部件外观无破损，涂层无脱落，箱门玻璃完好无缺。

（5）对消火栓、供水阀门及消防卷盘等所有转动部位应定期加注润滑油。

（二）供水管路的维护管理

室外阀门井中，进水管上的控制阀门应每个季度检查一次，核实其处于全开启状态。系统上所有的控制阀门均应采用铅封或锁链固定在开启或规定的状态。每月应对铅封、锁链进行一次检查，当有破坏或损坏时应及时修理更换。

（1）对管路进行外观检查，若有腐蚀、机械损伤等，应及时修复。

（2）检查阀门是否漏水，若有漏水应及时修复。

（3）室内消火栓设备管路上的阀门为常开阀，平时不得关闭，应检查其开启状态。

（4）检查管路的固定是否牢固，若有松动，应及时加固。

第三章　自动喷水灭火系统

【考点一】自动喷水灭火系统的构成及分类【★★】

（一）自动喷水灭火系统的构成

自动喷水灭火系统由洒水喷头、水流报警装置（水流指示器、压力开关）、报警阀组等组件，以及管道、供水设施组成。

（1）为便于正常使用、检修维护，通常还在系统中设置泄水阀（泄水口）、排气阀（排气口）和排污口；

（2）为控制因建筑高差较大造成的超压，通常采用分区供水或者在系统相应管段上安装减压阀，以控制管道静压；

（3）通常在系统相应管段上安装设置减压孔板或者节流管，以控制管道动压。

（二）自动喷水灭火系统的分类

自动喷水灭火系统按照其洒水喷头的形式，分为闭式自动喷水灭火系统和开式自动喷水灭火系统。

（1）闭式自动喷水灭火系统按照系统的用途和组件配置，通常分为湿式自动喷水灭火系统（以下简称湿式系统）、干式自动喷水灭火系统（以下简称干式系统）和预作用自动喷水灭火系统（以下简称预作用系统）。

（2）开式自动喷水灭火系统按照系统用途和组件配置，通常分为雨淋自动喷水灭火系统（以下简称雨淋系统）和水幕自动喷水灭火系统（以下简称水幕系统）。雨淋报警阀启动装置通常采用电动系统、液动或者气动系统等，电动系统由火灾探测器、电磁阀和联动控制系统等组成，液动或者气动系统由充水或者充气的传动管、闭式喷头、压力开关等组成。

【考点二】自动喷水灭火系统适用范围（见表2—2—3—1）【★★】

表2—2—3—1　　自动喷水灭火系统适用范围

系统类型	适用范围
湿式系统	适合在温度不低于4℃且不高于70℃的环境中使用
干式系统	适用于环境温度低于4℃或高于70℃的场所。干式系统虽然解决了湿式系统不适用于高、低温环境场所的问题，但由于准工作状态时配水管道内没有水，喷头动作、系统启动时必须经过一个管道排气、充水的过程，因此会出现滞后喷水现象，不利于系统及时控火灭火
预作用系统	预作用系统可消除干式系统在喷头开放后延迟喷水的弊病，因此其在低温和高温环境中可替代干式系统。系统处于准工作状态时，严禁管道充水、严禁系统误喷的忌水场所应采用预作用系统
雨淋系统	需大面积喷水、快速扑灭火灾的特别危险场所；火灾的水平蔓延速度快，闭式喷头的开放不能及时使喷水有效覆盖着火区域；室内净空高度超过一定高度且必须迅速扑救初期火灾；火灾危险等级属于严重危险级Ⅱ级的场所
水幕系统	适用于局部防火分隔处

【考点三】火灾危险等级【★★】

自动喷水灭火系统设置场所的火灾危险等级共分为4类8级，自动喷水灭火系统设置场所火灾危险等级举例见《消防安全技术实务》（2018年版）表3—3—1。具体等级分类如下：

（1）轻危险级。一般是指可燃物品较少、火灾放热速率较低、外部增援和人员疏散较容易的场所。

（2）中危险级。一般是指内部可燃物数量、火灾放热速率中等，火灾初期不会引起剧烈燃烧的场所。大部分民用建筑和工业厂房划归中危险级。根据此类场所种类多、范围广的特点，再细分为危险级中Ⅰ级和危险级中Ⅱ级。

（3）严重危险级。一般是指火灾危险性大，且可燃物品数量多，火灾发生时容易引起猛烈燃烧并可能迅速蔓延的场所。

（4）仓库危险级。根据仓库储存物品及其包装材料的火灾危险性，将仓库火灾危险等级划分为Ⅰ、Ⅱ、Ⅲ级。仓库危险级Ⅰ级一般是指储存食品、烟酒以及用木箱、纸箱包装的不燃或难燃物品的场所；仓库危险级Ⅱ级一般是指储存木材、纸、皮革等物品和用各种塑料瓶、盒包装的不燃物品及各类物品混杂储存的场所；仓库危险级Ⅲ级一般是指储存A组塑料与橡胶及其制品等物品的场所。

【考点四】自动喷水灭火系统组件设置要求（见表2—2—3—2）【7★】

表2—2—3—2　　自动喷水灭火系统组件设置要求

组件	组成及设置要求
洒水喷头	（1）喷头的动作温度 选择喷头时，喷头的公称动作温度宜比环境最高温度高30℃左右 （2）喷头选型要求 1）对于湿式系统，在吊顶下布置喷头时，应采用下垂型或吊顶型喷头；顶板为水平面的轻危险级、中危险级Ⅰ级住宅建筑、宿舍、旅馆建筑客房、医疗建筑病房和办公室，可采用边墙型喷头；易受碰撞的部位，应采用带保护罩的喷头或吊顶型喷头；在不设吊顶的场所内设置喷头，当配水支管布置在梁下时，应采用直立型喷头 2）对于干式系统和预作用系统，应采用直立型喷头或干式下垂型喷头 3）对于水幕系统，防火分隔水幕应采用开式洒水喷头或水幕喷头，防护冷却水幕应采用水幕喷头 4）对于公共娱乐场所，中庭环廊，医院、疗养院的病房及治疗区域，老年、少儿、残疾人的集体活动场所，超出消防水泵接合器供水高度的楼层，地下的商业场所，宜采用快速响应喷头 （3）喷头设置要求 1）同一根配水支管上喷头的间距及相邻配水支管的间距，应根据系统设置场所的火灾危险等级、喷头类型和工作压力确定 2）同一场所内的喷头应布置在同一个平面上，并应贴近顶板安装，使闭式喷头处于有利于接触火灾热气流的位置。直立型、下垂型标准覆盖面积喷头溅水盘与顶板的距离不应小于75 mm，且不大于150 mm 3）当在梁或其他障碍物的下方布置喷头时，喷头与顶板之间的距离不得大于300 mm。在梁和障碍物及密肋梁板下布置的喷头，其溅水盘与梁等障碍物及密肋梁板底面的距离不得小于25 mm，且不得大于100 mm 4）在梁间布置的喷头，应符合喷头与梁等障碍物之间距离规定。确有困难时，溅水盘与顶板的距离不应大于550 mm，以避免洒水遭受阻挡。仍不能达到规定要求时，应在梁底面下方增设喷头

续表

组件	组成及设置要求
报警阀组	（1）自动喷水灭火系统应根据不同的系统形式设置相应的报警阀组 （2）保护室内钢屋架等建筑构件的闭式自动喷水灭火系统应设置独立的报警阀组 （3）水幕系统应设置独立的报警阀组或感温雨淋阀 （4）报警阀组宜设在安全且易于操作、检修的地点，环境温度不低于4℃且不高于70℃，距地面的距离宜为1.2 m （5）水力警铃应设置在有人值班的地点附近，其与报警阀连接的管道直径应为20 mm，总长度不宜大于20 m；水力警铃的工作压力不应大于0.05 MPa （6）一个报警阀组控制的喷头数，对于湿式系统、预作用系统不宜超过800只，对于干式系统不宜超过500只。串联接入湿式系统配水干管的其他自动喷水灭火系统，应分别设置独立的报警阀组，其控制的喷头数计入湿式阀组控制的喷头总数。每个报警阀组供水的最高和最低位置喷头的高程差不宜大于50 m （7）控制阀安装在报警阀的入口处，用于在系统检修时关闭系统。控制阀应保持在常开位置，保证系统时刻处于警戒状态。使用信号阀时，其启闭状态的信号反馈到消防控制中心；使用其他阀门时，必须用锁具锁定阀位
水流指示器	水流指示器是在自动喷水灭火系统中，将水流信号转换成电信号的一种水流报警装置。水流指示器安装在管网中，当有大于预定流量的水流通过管网时能发出信号，显示水的流动情况，一般用于湿式、干式、预作用、循环启闭式、自动喷水—泡沫联用系统中。水流指示器设置要求主要有： （1）水流指示器的功能是及时报告发生火灾的部位。在设置闭式自动喷水灭火系统的建筑内，每个防火分区和每个楼层均应设置水流指示器。当水流指示器入口前端设置控制阀时，应采用信号阀 （2）仓库内顶板下洒水喷头与货架内置洒水喷头应分别设置水流指示器
压力开关	压力开关是一种压力传感器，它是自动喷水灭火系统中的一个部件，其作用是将系统的压力信号转化为电信号，用来向消防控制室和水泵控制柜发出报警信号和启泵命令。接压力开关的管道充水压力达到设定值时，压力开关受到水压的作用后接通电触点，输出信号，实现报警和启动消防水泵。设置要求如下： （1）压力开关安装在系统管网或报警阀延迟器出口后的报警管道上。自动喷水灭火系统应采用压力开关控制消防水泵和稳压泵，并应能调节启、停稳压泵的压力 （2）雨淋系统和防火分隔水幕的水流报警装置宜采用压力开关
末端试水装置	末端试水装置由试水阀、压力表以及试水接头等组成，其作用是检验系统的可靠性，测试干式系统和预作用系统的管道充水时间。设置要求如下： （1）每个报警阀组控制的最不利点喷头处应设置末端试水装置；其他防火分区和楼层应设置直径为25 mm的末端试水阀 （2）末端试水阀和试水装置应设置在便于操作的部位，且应配有足够排水能力的排水设施 （3）末端试水装置出水口的流量系数应与系统同楼层或同防火分区选用的最小流量系数的喷头相等。末端试水装置的出水，应采用孔口出流的方式排入排水管道
管道及连接件	（1）配水管道应采用内外壁热镀锌钢管或铜管、涂覆钢管和不锈钢管，其工作压力不应大于1.20 MPa。系统管道的连接应采用沟槽式连接件（卡箍）、螺纹或法兰连接方式 （2）配水管两侧每根配水支管控制的标准喷头数，轻、中危险级场所不应超过8只，同时在吊顶上下安装喷头的配水支管，上下侧均不超过8只。严重危险级和仓库危险级场所不应超过6只 （3）短立管及末端试水装置的连接管，其管径不应小于25 mm

【考点五】不同类型报警阀组工作原理与常见故障【7★】

（一）湿式报警阀组工作原理与常见故障

湿式报警阀是湿式系统的专用阀门，是只允许水流入系统，并在规定压力、流量下驱动配套部件报警的一种单向阀。湿式报警阀组的主要元件为止回阀，其开启条件与入口压力及出口流量有关，它与延迟器、水力警铃、压力开关、控制阀等组成报警阀组。湿式报警阀组常见故障见表 2—2—3—3。

表 2—2—3—3　湿式报警阀组常见故障

常见故障	故障原因分析	故障处理
报警阀组漏水	（1）排水阀门未完全关闭 （2）阀瓣密封垫老化或者损坏 （3）系统侧管道接口渗漏 （4）报警管路测试控制阀渗漏 （5）阀瓣组件与阀座之间因变形或者污垢、杂物阻挡出现不密封状态	（1）关紧排水阀门 （2）更换阀瓣密封垫 （3）检查系统侧管道接口渗漏点。密封垫老化、损坏的，更换密封垫；密封垫错位的，重新调整密封垫位置；管道接口锈蚀、磨损严重的，更换管道接口相关部件 （4）更换报警管路测试控制阀 （5）先放水冲洗阀体、阀座，存在污垢、杂物的，经冲洗后，渗漏减少或者停止；否则，关闭进水口侧和系统侧控制阀，卸下阀板，仔细清洁阀板上的杂质；拆卸报警阀阀体，检查阀瓣组件、阀座，存在明显变形、损伤、凹痕的，更换相关部件
报警阀启动后报警管路不排水	（1）报警管路控制阀关闭 （2）报警管路过滤器被堵塞	（1）开启报警管路控制阀 （2）报警管路过滤器被堵塞的，卸下过滤器，冲洗干净后重新安装回原位。
报警阀报警管路误报警	（1）未按照安装图样安装或者未按照调试要求进行调试 （2）报警阀组渗漏，水通过报警管路流出 （3）延迟器下部孔板溢出水孔堵塞，发生报警或者缩短延迟时间	（1）按照安装图样核对报警阀组组件安装情况，重新对报警阀组伺应状态进行调试 （2）按照故障“报警阀组漏水”查找渗漏原因，进行相应处理 （3）延迟器下部孔板溢出水孔堵塞，卸下筒体，拆下孔板进行清洗
水力警铃工作不正常（不响、响度不够、不能持续报警）	（1）产品质量问题或者安装调试不符合要求 （2）报警阀至水力警铃的管路阻塞或者铃锤机构被卡住	（1）属于产品质量问题的，更换水力警铃；安装缺少组件或者未按照图样安装的，重新进行安装调试 （2）拆下喷嘴、叶轮及铃锤组件，进行冲洗，重新装合使叶轮转动灵活；清理管路堵塞处
开启测试阀，消防水泵不能正常自动启动	（1）流量开关或压力开关设定值不正确 （2）控制柜控制回路或电气元件损坏 （3）水泵控制柜未设定在“自动”状态	（1）将流量开关或压力开关内的调压螺母调整到规定值 （2）检修控制柜回路或更换电气元件 （3）将控制模式设定为“自动”状态

（二）干式报警阀组工作原理

干式报警阀组主要由干式报警阀、水力警铃、压力开关、空压机、安全阀、控制阀等组成。干式报警阀主要用在干式系统中，其作用是用来隔开空气与水源，使配水管道始终保持干管状态，当喷头开启后，干式报警阀自动开启，其后续的一系列动作类似于湿式报警阀组。

（三）雨淋报警阀组工作原理与常见故障

雨淋报警阀是通过电动、机械或其他方式开启，使水能够自动流入喷水灭火系统并同时进行报警的一种单向阀。其按照结构可分为隔膜式、推杆式、活塞式、蝶阀式雨淋报警阀。雨淋报警阀广泛应用于雨淋系统、水幕系统、水雾系统、泡沫系统等各类开式自动喷水灭火系统中。雨淋报警阀组常见故障见表2—2—3—4。

表2—2—3—4　　雨淋报警阀组常见故障

常见故障	故障原因分析	故障处理
自动滴水阀漏水	（1）安装调试或者平时定期试验、实施灭火后，没有将系统侧管内的余水排尽 （2）雨淋报警阀隔膜球面中线密封处因施工遗留的杂物、不干净消防用水中的杂质等导致球状密封面不能完全密封	（1）开启放水控制阀，排除系统侧管道内的余水 （2）启动雨淋报警阀，采用洁净水流冲洗遗留在密封面处的杂质
复位装置不能复位	水质过脏，有细小杂质进入复位装置密封面	拆下复位装置，用清水冲洗干净后重新安装，调试到位
长期无故报警	误将试验管路控制阀常开	关闭试验管路控制阀
系统测试不报警	（1）消防用水中的杂质堵塞了报警管道上过滤器的滤网 （2）水力警铃进水口处喷嘴被堵塞、未配置铃锤或者铃锤卡死	（1）拆下过滤器，用清水将滤网冲洗干净后，重新安装到位 （2）检查水力警铃的配件，配齐组件；有杂物卡阻、堵塞的部件进行冲洗后重新装配到位
雨淋报警阀不能进入伺应状态	（1）复位装置存在问题 （2）未按照安装调试说明书将报警阀组调试到伺应状态（隔膜室控制阀、复位球阀未开启） （3）消防用水水质存在问题，杂质堵塞了隔膜室管道上的过滤器	（1）修复或者更换复位装置 （2）按照安装调试说明书将报警阀组调试到伺应状态（开启隔膜室控制阀、复位球阀） （3）将供水控制阀关闭，拆下过滤器的滤网，用清水冲洗干净后重新安装到位
传动管喷头被堵塞	（1）消防用水水质存在问题 （2）管道过滤器不能正常工作	（1）对水质进行检测，清理不干净、影响系统正常使用的消防用水 （2）检查管道过滤器，清除滤网上的杂质或者更换过滤器

（四）预作用报警阀组常见故障（见表2—2—3—5）

表2—2—3—5　　预作用报警阀组常见故障

常见故障	故障原因分析	故障处理
报警阀漏水	（1）排水控制阀门未关紧 （2）阀瓣密封垫老化或者损坏 （3）复位杆未复位或者损坏	（1）关紧排水控制阀门 （2）更换阀瓣密封垫 （3）重新复位复位杆，或者更换复位装置

【考点六】自动喷水灭火系统组件安装检测要求（见表 2—2—3—6）【★★】

表 2—2—3—6 自动喷水灭火系统组件安装检测要求

组件	安装检测要求
洒水喷头	（1）采用专用工具安装喷头，严禁利用喷头的框架施拧；喷头的框架、溅水盘产生变形、释放原件损伤的，采用型号、规格相同的喷头进行更换 （2）喷头安装时，不得对喷头进行拆装、改动，严禁在喷头上附加任何装饰性涂层 （3）当喷头的公称直径小于 10 mm 时，在系统配水干管、配水管上安装过滤器 （4）梁、通风管道、排管、桥架宽度大于 1.2 m 时，在其腹面以下部位增设喷头 （5）不同类型的喷头按照下列要求安装： 1）直立型喷头连接 *DN*25 mm 短立管或者直接向上直立安装于配水支管上 2）下垂型喷头连接 *DN*25 mm 的短立管或者直接下垂安装于配水支管上 3）边墙型喷头根据选定的型号、规格，水平安装于顶棚（吊顶）下的边墙上，或者直立向上、下垂安装于顶棚下 4）干式喷头连接于特殊的短立管上，根据其保护区域结构特征和喷头型号、规格，直立向上、下垂或者水平安装于配水支管上，短立管入口处设置密封件，阻止水流在喷头动作前进入立管 5）嵌入式喷头、隐蔽式喷头安装时，喷头根部螺纹及其部分或者全部本体嵌入吊顶护罩内，喷头下垂安装于配水支管上 6）齐平式喷头安装时，喷头根部螺纹及其部分本体下垂安装于吊顶内配水支管上，部分或者全部热敏元件随部分喷头本体安装于吊顶下 7）喷头安装在易受机械损伤处，加设喷头防护罩
报警阀组	（1）报警阀组垂直安装在配水干管上，水源控制阀、报警阀组水流标识与系统水流方向一致。报警阀组的安装顺序为先安装水源控制阀、报警阀，再进行报警阀辅助管道的连接 （2）报警阀阀体底边距室内地面高度为 1.2 m，侧边与墙的距离不小于 0.5 m，正面与墙的距离不小于 1.2 m，报警阀组凸出部位之间的距离不小于 0.5 m （3）报警阀组安装在室内时，室内地面增设排水设施
水流指示器	（1）水流指示器桨片、膜片竖直安装在水平管道上方，其动作方向与水流方向一致 （2）水流指示器安装后，其桨片、膜片动作灵活，不得与管壁发生碰擦 （3）同时使用信号阀和水流指示器控制的自动喷水灭火系统，信号阀安装在水流指示器前的管道上，与水流指示器间的距离不小于 300 mm
压力开关	（1）压力开关竖直安装在通往水力警铃的管道上，安装中不得拆装改动 （2）按照消防设计文件或者厂家提供的安装图样安装管网上的压力控制装置

【考点七】自动喷水灭火系统冲洗、试压要求（见表2—2—3—7）【★★★】

表2—2—3—7 自动喷水灭火系统冲洗、试压要求

项目	要求
系统试压、冲洗基本要求	（1）准备不少于两只的试压用压力表，精度不低于1.5级，量程为试验压力值的1.5 ~ 2倍 （2）隔离或者拆除不能参与试压的设备、仪表、阀门及附件；加设的临时盲板具有凸出于法兰的边耳，且有明显标志，并对临时盲板数量、位置进行记录
水压试验	（1）环境温度不低于5℃，当低于5℃时，采取防冻措施，以确保水压试验正常进行 （2）系统设计工作压力不大于1.0 MPa的，水压强度试验压力为设计工作压力的1.5倍，且不低于1.4 MPa；系统设计工作压力大于1.0 MPa的，水压强度试验压力为工作压力加0.4 MPa （3）水压严密性试验压力为系统设计工作压力 （4）试验前采用温度计测试环境温度，对照消防设计文件核定水压试验压力
水压强度试验	（1）水压强度试验的测试点设在系统管网的最低点 （2）管网注水时，将管网内的空气排净，缓慢升压 （3）达到试验压力后，稳压30 min，管网应无泄漏、无变形，且压力降不大于0.05 MPa
水压严密性试验	（1）水压严密性试验在水压强度试验和管网冲洗合格后进行 （2）达到试验压力后，稳压24 h，管网应无泄漏
气压试验	气压严密性试验压力为0.28 MPa，且稳压24 h，压力降不应大于0.01 MPa
管网冲洗	管网试压合格后，采用生活用水进行冲洗。管网冲洗顺序为先室外、后室内，先地下、后地上。室内部分的冲洗按照配水干管、配水管、配水支管的顺序进行。管网冲洗合格后，将管网内的冲洗用水排净，必要时采用压缩空气吹干

【考点八】自动喷水灭火系统调试及功能性检测（见表2—2—3—8）【★★★★】

表2—2—3—8 自动喷水灭火系统调试及功能性检测

项目	要求
报警阀组	报警阀组调试前，首先检查报警阀组组件，确保其组件齐全、装配正确，在确认安装符合消防设计要求和消防技术标准规定后，进行调试。 （1）湿式报警阀组。湿式报警阀组调试时，从试水装置处放水，当湿式报警阀进水压力大于0.14 MPa、放水流量大于1 L/s时，报警阀应启动，带延迟器的水力警铃应在5 ~ 90 s内发出报警铃声，不带延迟器的水力警铃应在15 s内发出报警铃声，压力开关应及时动作，并反馈信号 （2）干式报警阀组。干式报警阀组调试时，开启系统试验阀，报警阀的启动时间、启动点压力、水流到试验装置出口所需时间等应符合消防设计要求 （3）雨淋报警阀组。雨淋报警阀组调试宜采用检测、试验管道进行供水。自动和手动方式启动的雨淋报警阀，应在联动信号发出或者手动控制操作后15 s内启动；公称直径大于200 mm的雨淋报警阀，应在60 s之内启动。雨淋报警阀调试时，当报警水压为0.05 MPa，水力警铃应发出报警铃声 （4）预作用装置的调试按照湿式报警阀组和雨淋报警阀组的调试要求进行综合调试。湿式报警阀组、干式报警阀组、预作用装置、雨淋报警阀组采用压力表、流量计、秒表、声强计测量，并进行观察检查

续表

项目	要求
联动调试	（1）湿式系统 1）调试及检测内容。系统控制装置设置为“自动”控制方式，启动一只喷头或者开启末端试水装置，流量保持在 0.94 ~ 1.5 L/s，水流指示器、报警阀、压力开关、高位消防水箱流量开关、水力警铃系统管网压力开关和消防水泵等应及时动作，并有相应组件的动作信号反馈到消防联动控制设备 2）检测方法。打开阀门放水，使用流量计、压力表核定流量、压力，目测观察系统动作情况 （2）干式系统 1）调试检测内容。系统控制装置设置为“自动”控制方式，启动一只喷头或者模拟一只喷头的排气量排气，报警阀、压力开关、高位消防水箱流量开关、水力警铃系统管网压力开关和消防水泵等应及时动作并有相应的组件信号反馈 2）检测方法。采用目测观察进行检查 （3）预作用系统、雨淋系统、水幕系统 1）调试检测内容。系统控制装置设置为“自动”控制，可采用专用测试仪表或者其他方式，模拟火灾自动报警系统输入各类火灾探测信号，火灾自动报警控制器输出声光报警信号，启动自动喷水灭火系统。采用传动管启动的雨淋系统、水幕系统联动试验时，启动一只喷头，雨淋报警阀打开，压力开关或高位消防水箱流量开关动作，消防水泵启动，并有相应组件信号反馈 2）检测方法。采用目测观察进行检查

【考点九】自动喷水灭火系统维护管理【★★】

（1）自动喷水灭火系统巡查内容主要包括：

1）喷头外观及其周边障碍物、喷头溅水盘与顶棚距离等。

2）报警阀组外观、水源控制阀的启闭状态、排水设施状况等。

3）充气设备、排气装置及其控制装置、火灾探测传动、液（气）动传动及其控制装置、现场手动控制装置等外观、运行状况。

4）系统末端试水装置、楼层试水阀及其现场环境状态，压力监测情况等。

5）系统用电设备的电源及其供电情况。

（2）巡查周期。建筑管理使用单位至少每日组织一次系统全面巡查，具体检查项目的巡查周期见表 2—2—3—9。

表 2—2—3—9　　检查项目的巡查周期

巡查周期	检查项目与要求
每月	（1）电动、内燃机驱动的消防水泵（增压泵）启动运行测试 （2）喷头完好状况、备用量及异物清除等检查 （3）系统所有阀门状态及其铅封、锁链完好状况检查 （4）消防气压给水设备的气压、水位测试，消防水池、消防水箱的水位及消防用水不被挪用的技术措施检查 （5）电磁阀启动测试 （6）过滤器排渣、完好状况检查 （7）水泵接合器完好性检查 （8）报警阀启动性能测试

续表

巡查周期	检查项目与要求
每季度	（1）水流指示器报警试验 （2）室外阀门井中的控制阀门开启状况及其使用性能测试 检查与维护要求如下： （1）利用末端试水装置、楼层试水阀对水流指示器进场动作、报警检查试验时，检查消防联动控制设备和末端试水装置、楼层试水阀的完好性，符合试验条件的，开启末端试水装置或者试水阀，发现水流指示器在规定时间内不报警的，首先检查水流指示器的控制线路，若存在断路、接线不实等情况的，重新接线至正常；之后，检查水流指示器，发现有异物、杂质等卡阻桨片的，及时清除异物、杂质；发现调整螺母与触头未到位的，重新调试到位 （2）检查室外阀门井情况，发现阀门井积水、有垃圾或者有杂物的，及时排除积水，清除垃圾、杂物；发现管网中的控制阀门未完全开启或者关闭的，完全开启到位；发现阀门有漏水情况的，按照前述室内阀门的要求查漏、修复、更换、除锈 （3）分别利用系统末端试水装置、楼层试水阀和报警阀组旁的放水试验阀等测试装置进行放水试验，检查系统启动、报警功能以及出水情况： 1）检查消防控制设备、消防水泵控制设备、测试装置的完好性和控制方式，确认设备（装置）完好，控制方式为“自动”状态后，分别进行功能性试验 2）经测试进场，发现报警阀组存在问题的，按照后述各类报警阀组“常见故障分析”查找并及时消除故障
每年	（1）水源供水能力测试 （2）水泵接合器通水加压测试 （3）储水设备结构材料检查 （4）水泵流量性能测试 （5）系统联动测试 检查与维护要求如下： （1）组织实施水源供水能力测试、水泵流量性能测试和水泵接合器通水加压试验 （2）检查消防储水设备结构、材料，对于缺损、锈蚀等情况及时进行修补缺损和重新油漆 （3）系统联动试验按照验收、检测要求组织实施，可结合年度检测一并组织实施

第四章　泡沫灭火系统

【考点一】泡沫灭火系统组成及工作原理【★★】

（1）泡沫灭火系统组成。泡沫灭火系统主要由泡沫消防泵、泡沫液储罐、泡沫比例混合器（装置）、泡沫产生装置、控制阀门及管道等组成。

（2）泡沫灭火系统工作原理。通过泡沫比例混合器（装置）将泡沫液与水按比例混合成泡沫混合液，再经泡沫产生装置生成泡沫，施加到着火对象上实施灭火。

【考点二】泡沫灭火系统的分类（见表 2—2—4—1）【★★】

表 2—2—4—1　　泡沫灭火系统的分类

分类依据	分类方式
喷射方式	（1）液上喷射系统。它有固定式、半固定式、移动式三种应用形式 （2）液下喷射系统。该系统通常设计为固定式和半固定式 （3）半液下喷射系统
系统结构	（1）固定式系统是指由固定的泡沫消防水泵或泡沫混合液泵、泡沫比例混合器（装置）、泡沫产生器（或喷头）和管道等组成的灭火系统 （2）半固定式系统是指由固定的泡沫产生器与部分连接管道，泡沫消防车或机动泵，用水带连接组成的灭火系统 （3）移动式系统是指由消防车、机动消防泵或有压水源、泡沫比例混合器、泡沫枪、泡沫炮或移动式泡沫产生器，用水带等连接组成的灭火系统
发泡倍数	（1）低倍数泡沫灭火系统是指发泡倍数小于 20 的泡沫灭火系统。该系统是甲、乙、丙类液体储罐及石油化工装置区等场所的首选灭火系统 （2）中倍数泡沫灭火系统是指发泡倍数为 20 ~ 200 的泡沫灭火系统。中倍数泡沫灭火系统在实际工程中应用较少，且多用作辅助灭火设施 （3）高倍数泡沫灭火系统是指发泡倍数大于 200 的泡沫灭火系统
系统形式	全淹没系统、局部应用系统、移动系统、泡沫—水喷淋系统和泡沫喷雾系统

【考点三】低倍数泡沫灭火系统分类及适用范围【★★】

低倍数泡沫灭火系统是指产生的灭火泡沫倍数低于 20 的系统。按应用场所及泡沫产生装置的不同，可以分为储罐区低倍数泡沫灭火系统、泡沫—水喷淋系统、泡沫喷雾系统和泡沫炮系统等。

（一）储罐区低倍数泡沫灭火系统

储罐区低倍数泡沫灭火系统按泡沫喷射形式不同，分为液上喷射系统、液下喷射系统和半液下喷射系统。

（1）液上喷射系统。适用于各类非水溶性甲、乙、丙类液体储罐和水溶性甲、乙、丙类液体的固定顶或内浮顶储罐。

（2）液下喷射系统。由于泡沫是从液面下施加到储罐内，高背压泡沫产生器产生的泡沫的发泡倍数需要控制在 2 ~ 4 倍。液下喷射系统适用于非水溶性液体固定顶储罐，不适用于水溶性液体和其他对普通泡沫有破坏作用的甲、乙、丙类液体固定顶储罐。液下喷射系统也不适用于外浮顶和内浮顶储罐。

（3）半液下喷射系统。半液下喷射系统适用于甲、乙、丙类可燃液体固定顶储罐。由于浮顶会阻碍泡沫的正常分布，使之难以到达预定的着火处，因此，半液下喷射系统也不适用于外浮顶和内浮顶储罐。

（二）泡沫—水喷淋系统和泡沫喷雾系统

（1）泡沫—水喷淋系统是由喷嘴、报警阀组、水流报警装置（水流指示器或压力开关）等组件，以及管道、泡沫液与水供给设施组成，可分为闭式系统和雨淋系统。闭式系统又可分为泡沫—水预作用系统、泡沫—水干式系统和泡沫—水湿式系统。泡沫—水喷淋系统主要是在自动喷水灭火系统的基础上增加了泡沫液供给系统和泡沫比例混合器。

（2）泡沫喷雾系统是采用泡沫喷雾喷头，在发生火灾时能按预定时间与供给强度向被保护设备或防护区喷洒泡沫的自动灭火系统。泡沫喷雾系统可用于保护独立变电站的油浸电力变压器、面积不大于 200 m^2 的非水溶性液体室内场所。

（三）泡沫炮系统

泡沫炮系统是一种以泡沫炮为泡沫产生与喷射装置的低倍数泡沫系统，有固定式与移动式之分。固定泡沫炮系统一般可分为手动泡沫炮系统与远控泡沫炮系统。手动泡沫炮系统一般由泡沫炮、炮架、泡沫液储罐、泡沫比例混合装置、泡沫消防泵等组成；远控泡沫炮系统一般由电控（或液控、气控）泡沫炮、消防炮塔、动力源、控制装置、泡沫液储罐、泡沫比例混合装置、泡沫消防泵等组成。

泡沫炮系统作为主要灭火设施或辅助灭火设施适用于下列场所：

（1）直径小于 18 m 的非水溶性液体固定顶储罐。

（2）围堰内的甲、乙、丙类液体流淌火灾。

（3）甲、乙、丙类液体汽车槽车栈台或火车槽车栈台。

（4）室外甲、乙、丙类液体流淌火灾。

（5）飞机库。

【考点四】中倍数泡沫灭火系统分类及适用范围【★★】

中倍数泡沫灭火系统是指产生的灭火泡沫倍数在 20 ~ 200 的系统，可分为全淹没系统、局部应用系统、移动式系统及油罐用中倍数泡沫灭火系统。

（1）全淹没中倍数泡沫灭火系统。中倍数泡沫的发泡倍数低，在泡沫混合液供给流量相同的条件下，单位时间内产生的泡沫体积比高倍数泡沫要小很多。因此，全淹没中倍数泡沫灭火系统一般用于小型场所。

（2）局部应用中倍数泡沫灭火系统。局部应用系统主要适用于四周不完全封闭的 A 类火灾场所，限定位置的流散 B 类火灾场所，固定位置面积不大于 100 m^2 的流淌 B 类火灾场所。

（3）移动式中倍数泡沫灭火系统。移动式中倍数泡沫灭火系统用于 B 类火灾场所时，需要泡沫产生器喷射泡沫有一定射程，所以其发泡倍数不能太高，通常采用吸气型中倍数泡沫枪，发泡倍数在 50 以下，射程一般为 10 ~ 20 m。因此，移动式中倍数泡沫灭火系统只能应用于较小火灾场所，或做辅助设施使用。

（4）油罐用中倍数泡沫灭火系统。中倍数泡沫灭火系统用于油罐时，其系统组成和低倍数泡沫灭火系统相同，一般选用固定式系统，且采用液上喷射形式。选用中倍数泡沫灭火系统的油罐仅限于丙类固定顶与内浮顶油罐，单罐容量小于 10 000 m^3 的甲、乙类固定顶与内浮顶油罐。

【考点五】高倍数泡沫灭火系统分类及适用范围【★★】

高倍数泡沫的主要灭火机理是通过密集状态的大量高倍数泡沫封闭火灾区域，以阻断新空气的流入达到窒息灭火。它可分为全淹没系统、局部应用系统和移动式系统 3 种类型。

（1）全淹没高倍数泡沫灭火系统。全淹没高倍数泡沫灭火系统特别适用于大面积有限空间内的 A 类和 B 类火灾的防护；有些被保护区可能是不完全封闭空间，但只要被保护对象是用不燃烧体围挡起来，形成可阻止泡沫流失的有限空间即可。围墙或围挡设施的高度应大于该保护区所需要的高倍数泡沫淹没深度。

（2）局部应用高倍数泡沫灭火系统。局部应用高倍数泡沫灭火系统主要用于四周不完全封闭的 A 类与 B 类火灾场所，也可用于天然气液化站与接收站的集液池或储罐围堰区。天然气液化站与接收站设置高倍数泡沫灭火系统有两个目的：①当液化天然气泄漏尚未着火时，用适宜倍数的高倍数泡沫将其盖住，可阻止蒸气云的形成；②当着火后，覆盖高倍数泡沫控制火灾，降低辐射热，以保护其他相邻设备等。

（3）移动式高倍数泡沫灭火系统。移动式高倍数泡沫灭火系统可由手提式或车载式高倍数泡沫产生器、比例混合器、泡沫液桶（罐）、水带、导泡筒、分水器、供水消防车或手抬机动消防泵等组成。使用时，将它们临时连接起来。移动式高倍数泡沫灭火系统主要用于发生火灾的部位难以确定或人员难以接近的场所，流淌的 B 类火灾场所，发生火灾时需要排烟、降温或排除有害气体的封闭空间。

【考点六】各类泡沫灭火系统适用范围（见表 2—2—4—2）【★★】

表 2—2—4—2　各类泡沫灭火系统适用范围

灭火系统	适用范围
固定式泡沫灭火系统	固定式泡沫灭火系统多设计为手动控制，当使用时，手动启动泡沫消防泵和有关阀门，向储罐内排放泡沫实施灭火。也有少数自动控制操纵系统，当被保护储罐发生火灾时，首先靠火灾自动报警及联动控制系统自动启动泡沫消防泵及有关阀门，向储罐内排放泡沫实施灭火，当自动操纵出现故障时，手动启动系统。固定式泡沫灭火系统适用于独立甲、乙、丙类液体储罐库区和机动消防设施不足的企业附属甲、乙、丙类液体储罐区
半固定式泡沫灭火系统	半固定式泡沫灭火系统适用于机动消防设施较强企业附属甲、乙、丙类可燃液体储罐区
移动式泡沫灭火系统	移动式泡沫灭火系统主要用于小型储罐或有可燃液体泄漏的场所

【考点七】泡沫灭火系统选择基本要求【★★】

（1）甲、乙、丙类液体储罐区宜选用低倍数泡沫灭火系统。

（2）甲、乙、丙类液体储罐区固定式、半固定式或移动式泡沫灭火系统的选择应符合下列规定：低倍数泡沫灭火系统，应符合相关国家标准的规定；油罐中倍数泡沫灭火系统宜为固定式。

（3）全淹没式、局部应用式和移动式中倍数、高倍数泡沫灭火系统的选择，应根据防护区的总体布局、火灾的危害程度、火灾的种类和扑救条件等因素，经综合技术经济比较后确定。

（4）储罐区泡沫灭火系统的选择，应符合下列规定：①非水溶性甲、乙、丙类液体固定顶储罐，可选用液上喷射、液下喷射或半液下喷射系统；②水溶性甲、乙、丙类液体的固定顶储罐，应选用液上喷射或半液下喷射系统；③外浮顶和内浮顶储罐应选用液上喷射系统；④非水溶性甲、乙、丙类液体外浮顶储罐、内浮顶储罐、直径大于 18 m 的固定顶储罐以及水溶性液体的立式储罐，不得选用泡沫炮作为主要灭火设施；⑤高度大于 7 m 或直径大于 9 m 的固定顶储罐，不得选用泡沫枪作为主要灭火设施；油罐中倍数泡沫灭火系统应选用液上喷射系统。

【考点八】低倍数泡沫灭火系统设计要求【★★】

（一）设计基本要求

（1）储罐区泡沫灭火系统扑救一次火灾的泡沫混合液设计用量，应按罐内用量、该罐辅助泡沫枪用量、管道剩余量三者之和最大的储罐确定。

（2）设置固定式泡沫灭火系统的储罐区，应配置用于扑救液体流散火灾的辅助泡沫枪，每支辅助泡沫枪的泡沫混合液流量不应小于 240 L/min。

（3）采用固定式泡沫灭火系统的储罐区，宜沿防火堤外均匀布置泡沫消火栓，且泡沫消火栓的间距不应大于 60 m。泡沫消火栓的功能是连接泡沫枪扑救储罐区防火堤内的流散火灾。

（4）当储罐区固定式泡沫灭火系统的泡沫混合液流量大于或等于 100 L/s 时，系统的泵、比例混合装置及其管道上的控制阀、干管控制阀宜具备远程控制功能。

（5）储罐区固定式泡沫灭火系统应具备半固定式系统功能。

（6）为了使系统及时灭火，固定式泡沫灭火系统的设计应满足在泡沫消防水泵或泡沫混合液泵启动后，将泡沫混合液或泡沫输送到保护对象的时间不大于 5 min。

（二）固定顶储罐

固定顶储罐的保护面积应按储罐横截面面积计算，泡沫混合液供给强度及连续供给时间应符合下列规定：

（1）非水溶性液体储罐液上喷射泡沫灭火系统，其泡沫混合液供给强度及连续供给时间不应小于《消防安全技术实务（2018 年版）》表 3—7—1 的规定。

（2）非水溶性液体储罐液下或半液下喷射系统，其泡沫混合液供给强度不应小于 5.0 L/（min·m^2）、连续供给时间不应小于 40 min。

（3）水溶性液体和其他对普通泡沫有破坏作用的甲、乙、丙类液体储罐液上或半液下喷射系统，其泡沫混合液供给强度及连续供给时间不应小于《消防安全技术实务（2018 年版）》

表 3—7—2 的规定。当一个储罐所需的泡沫产生器数量大于 1 个时，宜选用同规格的泡沫产生器，且应沿罐周均匀布置；对于水溶性液体储罐，应设置泡沫缓冲装置。

（三）外浮顶储罐

钢制单盘式与双盘式外浮顶储罐的保护面积，应按罐壁与泡沫堰板间的环形面积确定。非水溶性液体的泡沫混合液供给强度不应小于 12.5 L/（min·m^2），连续供给时间不应小于 30 min。外浮顶储罐泡沫堰板的设计，应符合下列规定：

（1）当泡沫喷射口设置在罐壁顶部、密封或挡雨板上方时，泡沫堰板应高出密封圈 0.2 m；当泡沫喷射口设置在金属挡雨板下部时，泡沫堰板高度不应小于 0.3 m。

（2）当泡沫喷射口设置在罐壁顶部时，泡沫堰板与罐壁的间距不应小于 0.6 m。当泡沫喷射口设置在浮顶上时，泡沫堰板与罐壁的间距不宜小于 0.6 m。

（3）应在泡沫堰板的最低部位设排水孔。排水孔的开孔面积宜按每 1 m^2 环形面积 280 mm^2 确定，排水孔高度不宜大于 9 mm。外浮顶储罐泡沫产生器的型号和数量应按泡沫混合液供给强度、连续供给时间及单个泡沫产生器的最大保护周长经计算确定。当泡沫喷射口设置在罐壁顶部时，应配置泡沫导流罩。对于直径不大于 45 m 的外浮顶储罐，需要在储罐梯子平台上设置带闷盖的管牙接口；直径大于 45 m 的外浮顶储罐，需要在储罐梯子平台上设置二分水器；管牙接口或二分水器应由管道接至防火堤外，且管道的管径应满足所配泡沫枪的压力、流量要求。

（四）内浮顶储罐

（1）钢制单盘式、双盘式与敞口隔舱式内浮顶储罐的保护面积，应按罐壁与泡沫堰板间的环形面积确定；其他内浮顶储罐应按固定顶储罐对待。

（2）钢制单盘式、双盘式与敞口隔舱式内浮顶储罐的泡沫堰板与罐壁的距离不应小于 0.55 m，其高度不应小于 0.5 m；单个泡沫产生器保护周长不应大于 24 m；非水溶性液体的泡沫混合液供给强度不应小于 12.5 L/（min · m^2），水溶性液体的泡沫混合液供给强度不应小于《消防安全技术实务（2018 年版）》表 3—7—2 规定的 1.5 倍；泡沫混合液连续供给时间不应小于 30 min。

（3）按固定顶储罐对待的内浮顶储罐，对于非水溶性液体，其泡沫混合液供给强度和连续供给时间不应小于《消防安全技术实务（2018 年版）》表 3—7—1 规定；对于水溶性液体，当设有泡沫缓冲装置时，其泡沫混合液供给强度和连续供给时间不应小于相关规定；当未设泡沫缓冲装置时，泡沫混合液供给强度不应小于《消防安全技术实务（2018 年版）》表 3—7—2 规定，但泡沫混合液连续供给时间不应小于《消防安全技术实务（2018 年版）》表 3—7—2 规定的 1.5 倍。

（五）其他场所

当甲、乙、丙类液体槽车装卸栈台设置泡沫炮或泡沫枪系统时，应符合下列规定：应能保护泵、计量仪器、车辆及与装卸产品有关的各种设备；火车装卸栈台的泡沫混合液流量不应小于 30 L/s；汽车装卸栈台泡沫混合液流量不应小于 8 L/s；泡沫混合液连续供给时间不应小于 30 min。

当保护设有围堰的非水溶性液体流淌火灾场所时，其保护面积应按围堰包围的地面面积与其中不燃结构占据的面积之差计算，其泡沫混合液供给强度与连续供给时间不应小于《消防安全技术实务（2018 年版）》表 3—7—3 的规定。当甲、乙、丙类液体泄漏导致的室外流淌火灾场所设置泡沫枪、泡沫炮系统时，应根据保护场所的具体情况确定最大流淌面积，其泡沫混合液供给强度和连续供给时间不应小于《消防安全技术实务（2018 年版）》表 3—7—4 的规定。

【考点九】高倍与中倍数泡沫灭火系统设计要求【★★】

（一）全淹没系统

全淹没系统应由固定的泡沫产生器、比例混合装置、固定泡沫液与水供给管路、水泵及其相关设备或组件组成。全淹没系统的防护区应是封闭或设置灭火所需的固定围挡的区域，且应符合下列规定：

（1）泡沫的围挡应为不燃结构，且应在系统设计灭火时间内具备围挡泡沫的能力。

（2）在充分考虑人员撤离的前提下，门、窗等位于设计淹没深度以下的开口，应在泡沫喷放前或同时关闭。

（3）对于不能自动关闭的开口，全淹没系统应对其泡沫损失进行相应补偿。

（4）在泡沫淹没深度以下的墙上设置窗口时，宜在窗口部位设置网孔基本尺寸不大于 3.15 mm 的钢丝网或钢丝纱窗。

（5）利用防护区外部空气发泡的封闭空间，应设置排气口，其位置应避免燃烧产物或其他有害气物回流到高倍数泡沫产生器进气口。排气口在灭火系统工作时应自动、手动开启，其排气速度不宜超过 5 m/s。

（6）防护区内应设置排水设施。

（二）局部应用系统

（1）局部应用系统的保护范围应包括火灾蔓延的所有区域；对于多层或三维立体火灾，应提供适宜的泡沫封堵设施；对于室外场所，应考虑风等气候因素的影响。高倍数泡沫的供给速率应按下列要求确定：

1）达到规定覆盖的时间不应大于 2 min。

2）淹没或覆盖 A 类火灾保护对象最高点的厚度不应小于 0.6 m。

3）对于汽油、煤油、柴油或苯，覆盖起火部位的厚度不应小于 2 m。

4）其他 B 类火灾的泡沫覆盖深度应由试验确定。

（2）对于 A 类火灾场所，中倍数泡沫灭火系统的设计应符合下列规定：

1）覆盖保护对象的时间不应大于 2 min。

2）覆盖保护对象最高点的厚度宜由试验确定。

3）泡沫连续供给时间不应小于 12 min。

（3）对于流散的或不大于 100 m^2 流淌的 B 类火灾场所，中倍数泡沫灭火系统的设计应符合下列规定：

1）沸点不低于 45℃的非水溶性液体，泡沫混合液供给强度应大于 4 L/（min · m^2）。

2）室内场所的最小泡沫连续供给时间应大于 10 min。

3）室外场所的最小泡沫连续供给时间应大于 15 min。

4）水溶性液体、沸点低于 45℃的非水溶性液体，设置泡沫灭火系统的适用性及其泡沫混合液供给强度，应由试验确定。

（三）移动式系统

高倍数泡沫系统的淹没时间或覆盖保护对象时间、泡沫供给速率与连续供给时间，应根据保护对象的类型与规模确定。高倍数泡沫系统的泡沫液和水的储备量应符合下列规定：

（1）当辅助全淹没或局部应用高倍数泡沫灭火系统使用时，可在其泡沫液和水的储备量中增加 5% ~ 10%；

（2）当在消防车上配备时，每套系统的泡沫液储备量不宜小于 0.5 t；

（3）当用于扑救煤矿火灾时，每个矿山救护大队应储存大于 2 t 的泡沫液。

对于沸点不低于 45℃的非水溶性液体流散的 B 类火灾或面积不大于 100 m^2 的流淌 B 类火灾，中倍数泡沫混合液供给强度应大于 4 L/（min · m^2）。供水压力可根据泡沫产生器和比例混合器的进口工作压力及比例混合器和水带的压力损失确定。

（四）油罐中倍数泡沫灭火系统

（1）系统扑救一次火灾的泡沫混合液设计用量，应按罐内用量、该罐辅助泡沫枪用量、管道剩余量三者之和最大的储罐确定。

（2）固定顶与内浮顶油罐的保护面积应为油罐的横截面积。系统泡沫混合液供给强度不应小于 4 L/（min · m^2），连续供给时间不应小于 30 min。

（3）设置固定式中倍数泡沫灭火系统的油罐区，宜设置低倍数泡沫枪；当设置中倍数泡沫枪时，其数量与连续供给时间，不应小于《消防安全技术实务（2018 年版）》表 3—7—6 的规定。

（4）固定顶油罐与内浮顶油罐中倍数泡沫灭火系统的泡沫产生器与管道布置，当中倍数泡沫产生器设置数量大于或等于 3 个时，可每两个产生器共享 1 根管道引至防火堤外。

（5）油罐中倍数泡沫灭火剂应采用特制 8% 型氟蛋白泡沫液。

【考点十】泡沫灭火系统组件现场检查要求【★★】

（一）泡沫液现场检查

（1）检查内容及要求。对于泡沫液用量较多的情况，需要将其送至具备相应资质的检测单位进行检测。对属于下列情况之一的泡沫液需要送检：

1）6% 型低倍数泡沫液设计用量大于或等于 7.0 t；

2）3% 型低倍数泡沫液设计用量大于或等于 3.5 t；

3）6% 蛋白型中倍数泡沫液最小储备量大于或等于 2.5 t；

4）6% 合成型中倍数泡沫液最小储备量大于或等于 2.0 t；

5）高倍数泡沫液最小储备量大于或等于 1.0 t；

6）合同文件规定的需要现场取样送检的泡沫液。

（2）检测方法。对于取样留存的泡沫液，进行观察检查和检查市场准入制度要求的有效证明文件及产品出厂合格证即可。送检泡沫液主要对其发泡性能和灭火性能进行检测，检测内容主要包括发泡倍数、析液时间、灭火时间和抗烧时间。

（二）外观质量检查

（1）需要检查的系统组件。需要对以下组件进行检查：泡沫产生装置、泡沫比例混合器（装置）、泡沫液储罐、泡沫消防泵、泡沫消火栓、阀门、压力表、管道过滤器、金属软管等。

（2）组件需要满足的要求：①无变形及其他机械性损伤；②外露非机械加工表面保护涂层完好；③无保护涂层的机械加工面无锈蚀；④所有外露接口无损伤，堵、盖等保护物包封良好；⑤铭牌标记清晰、牢固；⑥消防泵运转灵活，无阻滞，无异常声音；⑦高倍数泡沫产生器用手转动叶轮灵活；⑧固定式泡沫炮的手动机构无卡阻现象。

（3）检测方法。采用观察检查和手动检查。对于组件中的手动机构，如需要转动的部位，要亲自动手操作，看其是否能满足要求。

（三）性能检查

（1）需要检查的系统组件。需要对以下组件进行检查：泡沫产生装置、泡沫比例混合器（装置）、泡沫液压力储罐、泡沫消防泵、泡沫消火栓、阀门、压力表、管道过滤器、金属软管等。

（2）组件需要满足的要求：当以上组件在设计上有复验要求或施工方、建设方等对组件质量有疑义时，需要将这些组件送至具有相应资质的检测单位进行检测复验，需要检测的组件由监理工程师负责抽样。

（3）检测方法。一般情况下，检查市场准入制度要求的有效证明文件和产品出厂合格证。

（四）强度和严密性检查

（1）检查要求。①强度和严密性试验要采用清水进行，强度试验压力为公称压力的 1.5 倍，严密性试验压力为公称压力的 1.1 倍；②试验压力在试验持续时间内要保持不变，且壳体填料和阀瓣密封面不能有渗漏；③阀门试压的试验持续时间不能少于《消防安全技术综合能力（2018 年版）》表 3—8—1 的规定；④试验合格的阀门，要排尽内部积水，并吹干；⑤密封面涂防锈油，关闭阀门，封闭出入口，并做出明显的标记。

（2）检测方法。将阀门安装在试验管道上，有液流方向要求的阀门，试验管道要安装在阀门的进口，然后管道充满水，排净空气，用试压装置缓慢升压，待达到严密性试验压力后，在最短试验持续时间内，以阀瓣密封面不渗漏为合格；最后将压力升至强度试验压力，在最短试验持续时间内，以壳体填料无渗漏为合格。

【考点十一】泡沫灭火系统组件调试要求和检测方法【★★】

（一）泡沫比例混合器（装置）的调试要求及检测方法

（1）调试要求：泡沫比例混合器（装置）的调试需要与系统喷泡沫试验同时进行。

（2）检测方法：用流量计测量；蛋白、氟蛋白等折射指数高的泡沫液可用手持折射仪测量，水成膜、抗溶水成膜等折射指数低的泡沫液可用手持导电度测量仪测量。

（二）泡沫产生装置的调试要求及检测方法

（1）调试要求。

1）低倍数（含高背压）泡沫产生器、中倍数泡沫产生器要进行喷水试验。

2）泡沫喷头要进行喷水试验，其防护区内任意四个相邻喷头组成的四边形保护面积内的平均供给强度要不小于设计值。

3）固定式泡沫炮要进行喷水试验。

4）泡沫枪要进行喷水试验。

5）高倍数泡沫产生器要进行喷水试验，其进口压力的平均值不能小于设计值，每台高倍数泡沫产生器发泡网的喷水状态要正常。

（2）检测方法。

1）用压力表检查。对储罐或不允许进行喷水试验的防护区，喷水口可设在靠近储罐或防护区的水平管道上。关闭非试验储罐或防护区的阀门，调节压力使之符合设计要求。

2）选择最不利防护区的最不利点四个相邻喷头，用压力表测量后进行计算。

3）用手动或电动实际操作，并用压力表、尺量和观察检查。

4）用压力表、尺量检查。

5）关闭非试验防护区的阀门，用压力表测量后进行计算和观察检查。

（三）泡沫消火栓的调试要求及检测方法

（1）调试要求：泡沫消火栓要进行喷水试验。

（2）检测方法：用压力表测量。

【考点十二】泡沫灭火系统功能测试和检测方法【★★】

（一）系统喷水试验要求及检测方法

（1）试验要求。当为手动灭火系统时，要以手动控制的方式进行一次喷水试验；当为自动灭火系统时，要以手动和自动控制的方式各进行一次喷水试验。

（2）检测方法。用压力表、流量计、秒表测量。当系统为手动灭火系统时，选择最远的防护区或储罐进行喷水试验；当系统为自动灭火系统时，选择最大和最远两个防护区或储罐分别以手动和自动的方式进行喷水试验。

（二）低、中倍数泡沫灭火系统的喷泡沫试验要求及检测方法

（1）试验要求。低、中倍数泡沫灭火系统喷水试验完毕，将水放空后，进行喷泡沫试验；当为自动灭火系统时，要以自动控制的方式进行；喷射泡沫的时间不应小于1 min；实测泡沫混合液的混合比和泡沫混合液的发泡倍数，以及到达最不利点防护区或储罐的时间和湿式联用系统自喷水至喷泡沫的转换时间要符合设计要求。

（2）检测方法。对于混合比的检测，蛋白、氟蛋白等折射指数高的泡沫液可用手持折射仪测量，水成膜、抗溶水成膜等折射指数低的泡沫液可用手持导电度测量仪测量；喷射泡沫的时间和泡沫混合液或泡沫到达最不利点防护区或储罐的时间，以及湿式系统自喷水至喷泡沫的转换时间，用秒表测量。喷泡沫试验要选择最不利点的防护区或储罐进行，进行一次试验即可。

（三）高倍数泡沫灭火系统喷泡沫试验要求及检测方法

（1）试验要求。高倍数泡沫灭火系统喷水试验完毕，将水放空后，以手动或自动控制的方式对防护区进行喷泡沫试验，喷射泡沫时间不应少于30 s，实测泡沫混合液的混合比和泡沫供给速率及自接到火灾模拟信号至开始喷泡沫的时间要符合设计要求。

（2）检测方法。对于混合比的检测，蛋白、氟蛋白等折射指数高的泡沫液可用手持折射仪测量，水成膜、抗溶水成膜等折射指数低的泡沫液可用手持导电度测量仪测量；泡沫供给速率检测时，应记录各高倍数泡沫产生器进口端压力表的读数，用秒表测量喷射泡沫的时间，然后按制造厂给出的曲线查出对应的发泡量，经计算得出泡沫供给速率，供给速率不能小于设计要求的最小供给速率；喷射泡沫的时间和自接到火灾模拟信号至开始喷泡沫的时间，用秒表测量。对于高倍数泡沫灭火系统，所有防护区均需要进行喷泡沫试验。

【考点十三】泡沫灭火系统维护管理规定（见表2—2—4—3）【★★】

表2—2—4—3　泡沫灭火系统维护管理规定

检查周期	检查内容
周检	对消防泵和备用动力以手动或自动控制的方式进行一次启动试验，看其是否运转正常。试验时泵可以打回流，也可空转，但空转时运转时间不应大于5 s，试验后必须将泵和备用动力及有关设备恢复原状
月检	（1）对低、中、高倍数泡沫产生器，泡沫喷头，固定式泡沫炮，泡沫比例混合器（装置），泡沫液储罐进行外观检查，各部件要完好无损 （2）对固定式泡沫炮的回转机构、仰俯机构或电动操作机构进行检查，性能要达到标准的要求 （3）泡沫消火栓和阀门要能自由开启与关闭，不能有锈蚀 （4）压力表、管道过滤器、金属软管、管道及管件不能有损伤 （5）对遥控功能或自动控制设施及操纵机构进行检查，性能要符合设计要求 （6）对储罐上的低、中倍数泡沫混合液立管要清除锈渣 （7）动力源和电气设备工作状况要良好 （8）水源及水位指示装置要正常
半年	除储罐上泡沫混合液立管和液下喷射防火堤内泡沫管道，以及高倍数泡沫产生器进口端控制阀后的管道外，其余管道需要全部冲洗，清除锈渣
两年	（1）对于低倍数泡沫灭火系统中的液上、液下及半液下喷射、泡沫喷淋、固定式泡沫炮和中倍数泡沫灭火系统进行喷泡沫试验，并对系统所有组件、设施、管道及管件进行全面检查 （2）对于高倍数泡沫灭火系统，可在防护区内进行喷泡沫试验，并对系统所有组件、设施、管道及管件进行全面检查 （3）系统检查和试验完毕，要对泡沫液泵或泡沫混合液泵、泡沫液管道、泡沫混合液管道、泡沫管道、泡沫比例混合器（装置）、泡沫消火栓、管道过滤器和喷过泡沫的泡沫产生装置等用清水冲洗后放空，复原系统

第五章　气体灭火系统

【考点一】气体灭火系统灭火范围（见表2—2—5—1）【★★】

表2—2—5—1　气体灭火系统灭火范围

灭火剂	七氟丙烷	二氧化碳
适宜扑救火灾类型	（1）固体表面火灾 （2）液体表面火灾 （3）灭火前能切断气源的气体火灾 （4）电气火灾	（1）固体表面火灾及棉毛、织物、纸张等部分固体深位火灾 （2）液体火灾或石蜡、沥青等可熔化的固体火灾 （3）灭火前能切断气源的气体火灾 （4）电气火灾
不适宜扑救火灾类型	（1）硝化纤维、硝酸钠等含氧化剂的化学制品火灾 （2）钾、镁、钠、钛、锆、铀等活泼金属火灾 （3）氢化钾、氢化钠等金属氢化物火灾 （4）过氧化氢、联胺等能自行分解的化学物质火灾	（1）硝化纤维、火药等含氧化剂的化学制品火灾 （2）钾、镁、钠、钛、锆、铀等活泼金属火灾 （3）氢化钾、氢化钠等金属氢化物火灾

【考点二】气体灭火系统设置要求（见表2—2—5—2）【★★★】

表2—2—5—2　气体灭火系统设置要求

项目	设置要求
防火分区	（1）耐火性能。防护区围护结构及门窗的耐火极限均不宜低于0.50 h，吊顶的耐火极限不宜低于0.25 h （2）耐压性能。防护区围护结构承受内压的允许压强，不宜低于1 200 Pa （3）泄压能力。对于全封闭的防护区，应设置泄压口 （4）封闭性能。在防护区的围护构件上不宜设置敞开孔洞，否则将会造成灭火剂流失。当必须设置敞开孔洞时，应设置能手动和自动关闭的装置。在喷放灭火剂前，应自动关闭防护区内除泄压口外的开口 （5）环境温度。防护区的最低环境温度不应低于−10℃
安全要求	（1）设置气体灭火系统的防护区应设疏散通道和安全出口，保证防护区内所有人员在30 s内撤离完毕 （2）防护区内的疏散通道及出口，应设消防应急照明灯具和疏散指示标志灯。防护区内应设火灾声音报警器，必要时，可增设闪光报警器。防护区的入口处应设火灾声光报警器和灭火剂喷放指示灯，以及防护区采用的相应气体灭火系统的永久性标志牌。灭火剂喷放指示灯信号，应保持到防护区通风换气后，以手动方式解除 （3）防护区的门应向疏散方向开启，并能自行关闭；用于疏散的门必须能从防护区内打开

续表

项目	设置要求
安全要求	（4）灭火后的防护区应通风换气，地下防护区和无窗或设固定窗扇的地上防护区，应设置机械排风装置，排风口宜设在防护区的下部并应直通室外。通信机房、电子计算机房等场所的通风换气次数应不小于每小时5次 （5）储瓶间的门应向外开启，储瓶间内应设应急照明；储瓶间应有良好的通风条件，地下储瓶间应设机械排风装置，排风口应设在下部，室内气体可通过排风管排至室外 （6）经过有爆炸危险和变电、配电场所的管网，以及布设在以上场所的金属箱体等，应设防静电接地 （7）有人工作防护区的灭火设计浓度或实际使用浓度，不应大于有毒性反应浓度 （8）防护区内设置的预制灭火系统的充压压力不应大于2.5 MPa （9）灭火系统的手动控制与应急操作应有防止误操作的警示显示与措施 （10）设有气体灭火系统的场所，宜配置空气呼吸器

【考点三】二氧化碳灭火系统的设计要求（见表2—2—5—3）【★★】

表2—2—5—3　　二氧化碳灭火系统的设计要求

系统	设计要求
全淹没灭火系统	（1）对气体、液体、电气火灾和固体表面火灾，在喷放二氧化碳前不能自动关闭的开口，其面积不应大于防护区总内表面积的3%，且开口不应设在底面 （2）对固体深位火灾，除泄压口以外的开口，在喷放二氧化碳前应自动关闭 （3）防护区的围护结构及门窗的耐火极限不应低于0.50 h，吊顶的耐火极限不应低于0.25 h；围护结构及门窗的允许压强不宜小于1 200 Pa （4）防护区用的通风机和通风管道中的防火阀，在喷放二氧化碳前应自动关闭
局部应用灭火系统	（1）保护对象周围的空气流动速度不宜大于3 m/s。必要时，应采取挡风措施 （2）在喷头与保护对象之间，喷头喷射角范围内不应有遮挡物 （3）当保护对象为可燃液体时，液面至容器缘口的距离不得小于150 mm
组合分配系统	二氧化碳储存量，不应小于所需储存量最大的一个防护区域或保护对象的储存量

【考点四】气体灭火系统的构成（见表2—2—5—4）【★★★】

表2—2—5—4　　气体灭火系统的构成

系统构成	说明
灭火剂瓶组	同一规格的灭火剂储存容器，其高度差不宜超过20 mm
驱动气体瓶组	同一规格的驱动气体储存容器，其高度差不宜超过10 mm
选择阀	安装在集散管上，控制灭火剂流动方向
单向阀	分为灭火剂流通管路单向阀和驱动气体控制管路单向阀
安全泄放装置	装于瓶组和集流管上，以防止瓶组和灭火剂管道非正常受压时爆炸

续表

系统构成	说明
检漏装置	用于监测瓶组内介质的压力或质量损失。它包括压力显示器、称重装置和液位测量装置
信号反馈装置	安装在灭火剂释放管路或选择阀上，将灭火剂释放的压力或流量信号转换为电信号，并反馈到控制中心的装置
低泄高封阀	为了防止系统由于驱动气体泄漏的累积而引起系统的误动作而在管路中设置的阀门

【考点五】气体灭火系统灭火剂的安装要求（见表2—2—5—5）【★★】

表2—2—5—5　　气体灭火系统灭火剂的安装要求

组件	安装要求
储存容器	（1）灭火剂储存装置安装后，泄压装置的泄压方向不应朝向操作面。低压二氧化碳灭火系统的安全阀要通过专用的泄压管接到室外 （2）储存装置上压力计、液位计、称重显示装置的安装位置应便于作业人员的观察和操作 （3）储存容器的支架、框架应固定牢靠，并做防腐处理 （4）储存容器宜涂红色油漆，正面标明设计规定的灭火剂名称和储存容器的编号
集流管	（1）安装集流管前应检查内腔，确保清洁 （2）集流管上泄压装置的泄压方向不应朝向操作面 （3）连接储存容器与集流管间的单向阀的流向指示箭头，应指向介质流动方向 （4）集流管应固定在支架、框架上，支架、框架应固定牢靠，并做防腐处理
选择阀及信号反馈装置	（1）选择阀操作手柄安装在操作面一侧，当安装高度超过1.7 m时应采取便于操作的措施 （2）采用螺纹连接的选择阀，其与管网连接处宜采用活接 （3）选择阀的流向指示箭头应指向介质流动方向 （4）选择阀上要设置标明防护区或保护对象名称或编号的永久性标志，并应便于观察
喷嘴	（1）安装喷嘴时要按设计要求逐个核对其型号、规格及喷孔方向 （2）安装在吊顶下的不带装饰罩的喷嘴，其连接管管端螺纹不能露出吊顶；安装在吊顶下的带装饰罩的喷嘴，其装饰罩要紧贴吊顶
控制组件	（1）设置在防护区处的手动、自动转换开关应安装在防护区入口且便于操作的部位，安装高度为中心点距地（楼）面1.5 m （2）手动启动、停止按钮安装在防护区入口且便于操作的部位，安装高度为中心点距地（楼）面1.5 m；防护区的声光报警装置的安装应符合设计要求，并保证牢固，不倾斜 （3）气体喷放指示灯宜安装在防护区入口的正上方

【考点六】气体灭火系统灭火剂的调试要求（见表 2—2—5—6）【★★★】

表 2—2—5—6　　气体灭火系统灭火剂的调试要求

调试方式	调试要求
模拟启动试验	（1）调试要求。调试时，对所有防护区或保护对象按规范规定进行模拟启动试验，并合格 （2）模拟启动试验方法如下： 1）手动模拟启动试验按下述方法进行：①按下手动启动按钮，观察相关动作信号及联动设备动作是否正常（如发出声、光报警，启动输出端的负载响应，关闭通风空调、防火阀等）。②手动启动压力信号反馈装置，观察相关防护区门外的气体喷放指示灯是否正常 2）自动模拟启动试验按下述方法进行：①将灭火控制器的启动输出端与灭火系统相应防护区驱动装置连接。驱动装置与阀门的动作机构脱离。也可用 1 个启动电压、电流与驱动装置的启动电压、电流相同的负载代替。②人工模拟火警使防护区内任意 1 个火灾探测器动作，观察单一火警信号输出后，相关报警设备动作是否正常（如警铃、蜂鸣器发出报警声等）。③人工模拟火警使该防护区内另一个火灾探测器动作，观察复合火警信号输出后，相关动作信号及联动设备动作是否正常（如发出声、光报警，启动输出端的负载响应，关闭通风空调、防火阀等）
模拟喷气试验	（1）调试要求：调试时，对所有防护区或保护对象进行模拟喷气试验，并合格。预制灭火系统的模拟喷气试验宜各取 1 套进行试验 （2）模拟喷气试验方法如下： 1）模拟喷气试验的条件：① IG541 混合气体灭火系统及高压二氧化碳灭火系统，采用其充装的灭火剂进行模拟喷气试验。试验采用的储存容器数应为选定试验的防护区或保护对象设计用量所需容器总数的 5%，且不少于 1 个。②低压二氧化碳灭火系统应采用二氧化碳灭火剂进行模拟喷气试验。试验要选定输送管道最长的防护区或保护对象进行，喷放量不小于设计用量的 10%。③卤代烷灭火系统模拟喷气试验不宜采用卤代烷灭火剂，宜采用氮气进行。氮气储存容器与被试验的防护区或保护对象用的灭火剂储存容器的结构、型号、规格都应相同。氮气储存容器数不少于灭火剂储存容器数的 20%，且不少于 1 个。④模拟喷气试验宜采用自动启动方式 2）模拟喷气试验结果要符合下列规定：①延迟时间与设定时间相符，响应时间满足要求。②有关声、光报警信号正确。③有关控制阀门工作正常。④信号反馈装置动作后，气体防护区门外的气体喷放指示灯工作正常。⑤储存容器间内的设备和对应防护区或保护对象的灭火剂输送管道无明显晃动和机械性损坏。⑥试验气体能喷入被试防护区内或保护对象上，且能从每个喷嘴喷出

【考点七】气体灭火系统验收的内容及要求【★★★★★】

气体灭火系统竣工后，应进行工程验收，验收不合格不得投入使用。系统验收主要包括以下内容：

（1）防护区或保护对象与储存装置间验收检查内容如下：

1）防护区或保护对象的位置、用途、划分、几何尺寸、开口、通风、环境温度、可燃物的种类、防护区围护结构的耐压和耐火极限及门、窗可自行关闭装置。

2）防护区下列安全设施的设置应符合设计要求：①防护区的疏散通道、疏散指示标志和应急照明装置。②防护区内和入口处的声光报警装置、气体喷放指示灯和入口处的安全标志。③无窗或固定窗扇的地上防护区和地下防护区的排气装置。④门窗设有密封条防护区的泄压装置。⑤专用的空气呼吸器。

（2）系统功能验收内容：

1）系统功能验收时，应进行模拟启动试验，并合格。

2）系统功能验收时，应进行模拟喷气试验，并合格。

3）系统功能验收时，应对设有灭火剂备用量的系统进行模拟切换操作试验，并合格。

4）系统功能验收时，应对主、备用电源进行切换试验，并合格。

【考点八】气体灭火系统维护管理（表2—2—5—7）【★★★★】

表2—2—5—7　　气体灭火系统维护管理

巡查周期	巡查要求
日检	（1）气体灭火控制器工作状态正常，盘面紧急启动按钮保护措施有效，检查主电是否正常，指示灯、显示屏、按钮、标签是否正常，钥匙、开关等是否在平时正常位置 （2）每日应对低压二氧化碳储存装置的运行情况、储存装置间的设备状态进行检查并记录 （3）选择阀、驱动装置上标明其工作防护区的永久性标志应明显可见，且妥善固定 （4）防护区外专用的空气呼吸器或氧气呼吸器是否完好 （5）防护区入口处灭火系统防护标志是否设置且完好 （6）预制灭火系统、柜式气体灭火装置喷嘴前2.0 m内不得有阻碍气体释放的障碍物 （7）灭火系统的手动控制与应急操作处有防止误操作的警示显示与措施
月检	（1）对灭火剂储存容器、选择阀、液流单向阀、高压软管、集流管、启动装置、管网与喷嘴、压力信号器、安全泄压阀及检漏报警装置等系统全部组成部件进行外观检查 （2）气体灭火系统组件的安装位置不得有其他物件阻挡或妨碍其正常工作 （3）驱动控制盘面板上的指示灯应正常，各开关位置应正确，各连线应无松动现象 （4）火灾探测器表面应保持清洁，应无任何会干扰或影响火灾探测器探测性能的擦伤、油渍及油漆 （5）气体灭火系统储存容器内的压力、气动型驱动装置的气动源的压力均不得小于设计压力的90%
季检	（1）可燃物的种类、分布情况，防护区的开口情况，应符合设计规定 （2）储存装置间的设备、灭火剂输送管道和支架、吊架的固定，应无松动 （3）连接管应无变形、裂纹及老化。必要时，送法定质量检验机构进行检测或更换 （4）各喷嘴孔口应无堵塞 （5）对高压二氧化碳储存容器逐个进行称重检查，灭火剂净重不得小于设计储存量的90% （6）灭火剂输送管道有损伤与堵塞现象时，应按相关规范规定的管道强度试验和气密性试验方法进行严密性试验和吹扫

续表

巡查周期	巡查要求
年检	（1）撤下1个防护区启动装置的启动线，进行电控部分的联动试验，应启动正常 （2）对每个防护区进行一次模拟自动喷气试验。通过报警联动，检验气体灭火控制盘功能，并进行自动启动方式模拟喷气试验，检查比例为20%（最少一个分区） （3）对高压二氧化碳、三氟甲烷储存容器逐个进行称重检查，灭火剂净重不得小于设计储存量的90% （4）进行预制气溶胶灭火装置、自动干粉灭火装置的有效期限检查 （5）进行泄漏报警装置报警定量功能试验，检查钢瓶的比例为100% （6）进行主用量灭火剂储存容器切换为备用量灭火剂储存容器的模拟切换操作试验，检查比例为20%（最少一个分区） （7）在灭火剂输送管道有损伤与堵塞现象时，应按有关规范的规定进行严密性试验和吹扫
5年后	（1）5年后，每3年应对金属软管（连接管）进行水压强度试验和气密性试验，性能合格方能继续使用，如发现老化，应进行更换 （2）5年后，对释放过灭火剂的储瓶、相关阀门等部件进行一次水压强度和气体密封性试验，试验合格方可继续使用

第六章 火灾自动报警系统

【考点一】火灾自动报警系统的构成【★★】

火灾自动报警系统由火灾探测报警系统、消防联动控制系统、可燃气体探测报警系统及电气火灾监控系统组成。

（1）火灾探测报警系统。由火灾报警控制器、触发器件和火灾警报装置等组成。

（2）消防联动控制系统。消防联动控制系统由消防联动控制器、消防控制室图形显示装置、消防电气控制装置（防火卷帘控制器、气体灭火控制器等）、消防电动装置、消防联动模块、消火栓按钮、消防应急广播设备、消防电话等设备和组件组成。

（3）可燃气体探测报警系统。可燃气体探测报警系统由可燃气体报警控制器、可燃气体探测器和火灾声光警报器组成。

（4）电气火灾监控系统。电气火灾监控系统由电气火灾监控器、电气火灾监控探测器组成。

【考点二】火灾探测器分类（见表2—2—6—1）【★★】

表2—2—6—1　火灾探测器分类

分类依据	分类方式
探测火灾特征参数	（1）感温火灾探测器：响应异常温度、温升速率和温差变化等参数的探测器 （2）感烟火灾探测器 （3）感光火灾探测器：响应火焰发出的特定波段电磁辐射的探测器，又称火焰探测器，可分为紫外、红外及复合式等类型 （4）气体火灾探测器：响应燃烧或热解产生的气体的火灾探测器 （5）复合火灾探测器：将多种探测原理集中于一身的探测器，它进一步又可分为烟温复合、红外紫外复合等火灾探测器
监视范围	（1）点型火灾探测器：响应一个小型传感器附近的火灾特征参数的探测器 （2）线型火灾探测器：响应某一连续路线附近的火灾特征参数的探测器
是否具有复位（恢复）功能	（1）可复位探测器：在响应后和在引起响应的条件终止时，不更换任何组件即可从报警状态恢复到监视状态的探测器 （2）不可复位探测器：在响应后不能恢复到正常监视状态的探测器
是否具有可拆卸性	（1）可拆卸探测器：探测器设计成容易从正常运行位置上拆下来，以方便维修和保养 （2）不可拆卸探测器：在维修和保养时，探测器设计成不容易从正常运行位置上拆下来

【考点三】火灾自动报警系统分类、适用及设置【★★★★】

（一）火灾自动报警系统分类及适用范围（见表2—2—6—2）

表2—2—6—2　火灾自动报警系统分类及适用范围

分类	适用范围
区域报警系统	由火灾探测器、手动火灾报警按钮、火灾声光警报器及火灾报警控制器等组成，系统中可包括消防控制室图形显示装置和指示楼层的区域显示器。适用于仅需要报警，不需要联动自动消防设备的保护对象
集中报警系统	适用于不仅需要报警，同时需要联动自动消防设备的保护对象，且只设置一台具有集中控制功能的火灾报警控制器和消防联动控制器的保护对象，应设置一个消防控制室
控制中心报警系统	一般适用于建筑群或体量很大的保护对象，这些保护对象中可能设置几个消防控制室，也可能由于分期建设而采用了不同企业的产品或同一企业不同系列的产品，或由于系统容量限制而设置了多个起集中作用的火灾报警控制器等情况，这些情况下均应选择控制中心报警系统

（二）火灾自动报警系统组件及设置要求（见表2—2—6—3）

表2—2—6—3　火灾自动报警系统组件及设置要求

组件	设置要求
火灾报警控制器 消防联动控制器	（1）任意一台火灾报警控制器所连接的火灾探测器、手动火灾报警按钮和模块等设备总数和地址总数，均不应超过3 200点，其中每一总线回路连接设备的总数不宜超过200点，且应留有不少于额定容量10%的余量 （2）任意一台消防联动控制器地址总数或火灾报警控制器（联动型）所控制的各类模块总数不应超过1 600点，每一联动总线回路连接设备的总数不宜超过100点，且应留有不少于额定容量10%的余量 （3）火灾报警控制器和消防联动控制器，应设置在消防控制室内或有人员值班的房间和场所。火灾报警控制器和消防联动控制器安装在墙上时，其主显示屏高度宜为1.5～1.8 m，其靠近门轴的侧面距墙不应小于0.5 m，正面操作距离不应小于1.2 m （4）集中报警系统和控制中心报警系统中的区域火灾报警控制器在满足下列条件时，可设置在无人员值班的场所：本区域内无需要手动控制的消防联动设备；本区域火灾报警控制器的所有信息在集中火灾报警控制器上均有显示，且能接收集中火灾报警控制器的联动控制信号，并自动启动相应的消防设备；设置的场所只有值班人员可以进入
总线短路隔离器	系统总线上应设置总线短路隔离器，每只总线短路隔离器保护的火灾探测器、手动火灾报警按钮和模块等消防设备的总数不应超过32点；总线穿越防火分区时，应在穿越处设置总线短路隔离器

续表

组件	设置要求
火灾探测器	（1）点型感烟、感温火灾探测器的安装间距要求：①在宽度小于 3 m 的内走道顶棚上设置点型探测器时，宜居中布置。感温火灾探测器的安装间距不应超过 10 m；感烟火灾探测器的安装间距不应超过 15 m；探测器至端墙的距离，不应大于探测器安装间距的 1/2。②点型探测器至墙壁、梁边的水平距离，不应小于 0.5 m。③点型探测器周围 0.5 m 内，不应有遮挡物。④点型探测器至空调送风口边的水平距离不应小于 1.5 m，并宜接近回风口安装。探测器至多孔送风顶棚孔口的水平距离不应小于 0.5 m （2）点型感烟、感温火灾探测器的设置数量要求如下：①探测区域的每个房间应至少设置一只火灾探测器；②锯齿型屋顶和坡度大于 15° 的人字形屋顶，应在每个屋脊处设置一排点型探测器；③房间被书架、设备或隔断等分隔，其顶部至顶棚或梁的距离小于房间净高的 5% 时，每个被隔开的部分应至少安装一只点型探测器 （3）火焰探测器和图像型火灾探测器的设置要求如下：①应考虑探测器的探测视角及最大探测距离，可通过选择探测距离长、火灾报警响应时间短的火焰探测器，提高保护面积要求和报警时间要求。②探测器的探测视角内不应存在遮挡物。③应避免光源直接照射在探测器的探测窗口。④单波段的火焰探测器不应设置在平时有阳光、白炽灯等光源直接或间接照射的场所 （4）线型光束感烟火灾探测器的设置：①探测器的光束轴线至顶棚的垂直距离宜为 0.3 ~ 1.0 m，距地高度不宜超过 20 m。②相邻两组探测器的水平距离不应大于 14 m，探测器至侧墙水平距离不应大于 7 m，且不应小于 0.5 m，探测器的发射器和接收器之间的距离不宜超过 100 m。③探测器应设置在固定结构上。④探测器的设置应保证其接收端避开日光和人工光源的直接照射。⑤选择反射式探测器时，应保证在反射板与探测器之间任何部位进行模拟试验时，探测器均能正确响应 （5）线型感温火灾探测器的设置：①探测器在保护电缆、堆垛等类似保护对象时，应采用接触式布置；在各种皮带输送装置上设置时，宜设置在装置的过热点附近；②设置在顶棚下方的线型感温火灾探测器，至顶棚的距离宜为 0.1 m。探测器的保护半径应符合点型感温火灾探测器的保护半径要求；探测器至墙壁的距离宜为 1 ~ 1.5 m；③光栅光纤感温火灾探测器每个光栅的保护面积和保护半径，应符合点型感温火灾探测器的保护面积和保护半径要求；④设置线型感温火灾探测器的场所有联动要求时，宜采用两只不同火灾探测器的报警信号组合；⑤与线型感温火灾探测器连接的模块不宜设置在长期潮湿或温度变化较大的场所 （6）管路采样吸气式感烟火灾探测器的设置要求如下：①非高灵敏型探测器的采样管网安装高度不应超过 16 m；高灵敏型探测器的采样管网安装高度可超过 16 m；采样管网安装高度超过 16 m 时，灵敏度可调的探测器应设置为高灵敏度，且应减小采样管长度和采样孔数量；②探测器的每个采样孔的保护面积、保护半径，应符合点型感烟火灾探测器的保护面积、保护半径的要求；③一个探测单元的采样管总长不宜超过 200 m，单管长度不宜超过 100 m，同一根采样管不应穿越防火分区。采样孔总数不宜超过 100 个，单管上的采样孔数量不宜超过 25 个；④当采样管道采用毛细管布置方式时，毛细管长度不宜超过 4 m；⑤吸气管路和采样孔应有明显的火灾探测器标识；⑥在设置过梁、空间支架的建筑中，采样管路应固定在过梁、空间支架上；⑦当采样管道布置形式为垂直采样时，每 2℃温差间隔或 3 m 间隔（取最小者）应设置一个采样孔，采样孔不应背对气流方向；⑧采样管网应按确认的设计软件或方法进行设计；⑨探测器的火灾报警信号、故障信号等信息应传给火灾报警控制器，涉及消防联动控制时，探测器的火灾报警信号还应传给消防联动控制器 （7）其他说明：①镂空面积与总面积的比例不大于 15% 时，探测器应设置在吊顶下方；②镂空面积与总面积的比例大于 30% 时，探测器应设置在吊顶上方；③镂空面积与总面积的比例为 15% ~ 30% 时，探测器的设置部位应根据实际试验结果确定；④探测器设置在吊顶上方且火警确认灯无法观察到时，应在吊顶下方设置火警确认灯；⑤地铁站台等有活塞风影响的场所，镂空面积与总面积的比例为 30% ~ 70% 时，探测器宜同时设置在吊顶上方和下方

续表

组件	设置要求
手动火灾报警按钮	（1）安装间距。每个防火分区应至少设置一只手动火灾报警按钮。从一个防火分区内的任何位置到最邻近的手动火灾报警按钮的步行距离不应大于 30 m （2）设置部位。手动火灾报警按钮宜设置在疏散通道或出入口处。列车上设置的手动火灾报警按钮，应设置在每节车厢的出入口和中间部位。手动火灾报警按钮应设置在明显和便于操作的部位。当安装在墙上时，其底边距地高度宜为 1.3 ~ 1.5 m，且应有明显的标志
区域显示器（火灾显示盘）	每个报警区域宜设置一台区域显示器（火灾显示盘）；宾馆、饭店等场所应在每个报警区域设置一台区域显示器。当一个报警区域包括多个楼层时，宜在每个楼层设置一台仅显示本楼层的区域显示器。区域显示器应设置在出入口等明显和便于操作的部位。当安装在墙上时，其底边距地面高度宜为 1.3 ~ 1.5 m
火灾警报器	火灾警报器应设置在每个楼层的楼梯口、消防电梯前室、建筑内部拐角等处的明显部位，且不宜与安全出口指示标志灯具设置在同一面墙上。每个报警区域内应均匀设置火灾警报器，其声压级不应小于 60 dB；在环境噪声大于 60 dB 的场所，其声压级应高于背景噪声 15 dB。火灾警报器设置在墙上时，其底边距地面高度应大于 2.2 m
消防应急广播	民用建筑内扬声器应设置在走道和大厅等公共场所。每个扬声器的额定功率不应小于 3 W，其数量应能保证从一个防火分区内的任何部位到最近一个扬声器的直线距离不大于 25 m，走道末端距最近的扬声器距离不应大于 12.5 m；在环境噪声大于 60 dB 的场所设置的扬声器，在其播放范围内最远点的播放声压级应高于背景噪声 15 dB；客房设置专用扬声器时，其功率不宜小于 1.0 W。壁挂扬声器的底边距地面高度应大于 2.2 m
消防专用电话	消防专用电话网络应为独立的消防通信系统。消防控制室应设置消防专用电话总机。多线制消防专用电话系统中的每个电话分机应与总机单独连接。电话分机或电话插孔的设置，应符合下列规定：①消防水泵房、发电机房、配变电室、计算机网络机房、主要通风和空调机房、防烟排烟机房、灭火控制系统操作装置处或控制室、企业消防站、消防值班室、总调度室、消防电梯机房及其他与消防联动控制有关且经常有人值班的机房均应设置消防专用电话分机。消防专用电话分机，应固定安装在明显且便于使用的部位，并应有区别于普通电话的标识。②设有手动火灾报警按钮或消火栓按钮等处，宜设置电话插孔，并宜选择带有电话插孔的手动火灾报警按钮。③各避难层应每隔 20 m 设置一个消防专用电话分机或电话插孔。④电话插孔在墙上安装时，其底边距地面高度宜为 1.3 ~ 1.5 m。⑤消防控制室、消防值班室或企业消防站等处，应设置可直接报警的外线电话
模块	每个报警区域内的模块宜相对集中设置在本报警区域内的金属模块箱中。严禁将模块设置在配电（控制）柜（箱）内。本报警区域内的模块不应控制其他报警区域的设备。未集中设置的模块附近应有尺寸不小于 100 mm × 100 mm 的标识
防火门监控器	防火门监控器应设置在消防控制室内，未设置消防控制室时，应设置在有人员值班的场所。电动开门器的手动控制按钮应设置在防火门内侧墙面上，距门不宜超过 0.5 m，底边距地面高度宜为 0.9 ~ 1.3 m。防火门监控器的设置应符合火灾报警控制器的安装设置要求

【考点四】自动喷水灭火系统联动控制设计要求（见表2—2—6—4）【★★】

表2—2—6—4　　自动喷水灭火系统联动控制设计要求

系统	控制要求
湿式系统和干式系统	（1）湿式系统和干式系统的联动控制设计。报警阀压力开关的动作信号作为系统启动的联动触发信号，直接控制启动喷淋消防泵，系统的联动控制不受消防联动控制器处于自动或手动状态影响 （2）湿式系统和干式系统的手动控制设计。将喷淋消防泵控制箱（柜）的启动、停止按钮用专用线路直接连接至设置在消防控制室内的消防联动控制器的手动控制盘上，直接手动控制喷淋消防泵的启动与停止 （3）水流指示器、信号阀、压力开关、喷淋消防泵的启动和停止的动作信号应反馈至消防联动控制器
预作用系统	（1）由同一报警区域内两只及两只以上独立的感烟火灾探测器或一只感烟火灾探测器与一只手动火灾报警按钮的报警信号（“与”逻辑），作为预作用阀组开启的联动触发信号。消防联动控制器在接收到满足逻辑关系的联动触发信号后，联动控制预作用阀组的开启，使系统转变为湿式系统；当系统设有快速排气装置时，同时联动控制排气阀前的电动阀的开启 （2）预作用系统的手动控制设计。将喷淋消防泵控制箱（柜）的启动和停止按钮、预作用阀组和快速排气阀入口前的电动阀的启动和停止按钮，用专用线路直接连接至设置在消防控制室内的消防联动控制器的手动控制盘上，直接手动控制喷淋消防泵的启动、停止及预作用阀组和电动阀的开启 （3）水流指示器、信号阀、压力开关、喷淋消防泵的启动和停止的动作信号，有压气体管道气压状态信号和快速排气阀入口前电动阀的动作信号应反馈至消防联动控制器
雨淋系统	（1）由同一报警区域内两只及两只以上独立的感烟火灾探测器或一只感烟火灾探测器与一只手动火灾报警按钮的报警信号（“与”逻辑），作为雨淋阀组开启的联动触发信号。消防联动控制器在接收到满足逻辑关系的联动触发信号后，联动控制雨淋阀组的开启 （2）将雨淋消防泵控制箱（柜）的启动和停止按钮、雨淋阀组的启动和停止按钮，用专用线路直接连接至设置在消防控制室内的消防联动控制器的手动控制盘上，直接手动控制雨淋消防泵的启动、停止及雨淋阀组的开启 （3）水流指示器，压力开关，雨淋阀组、雨淋消防泵的启动和停止的动作信号应反馈至消防联动控制器
自动控制的水幕系统	（1）自动控制的水幕系统用于防火卷帘的保护时，应由防火卷帘下落到楼板面的动作信号与本报警区域内任一火灾探测器或手动火灾报警按钮的报警信号（“与”逻辑）作为水幕阀组启动的联动触发信号，消防联动控制器在接收到满足逻辑关系的联动触发信号后，联动控制水幕系统相关控制阀组的启动。仅用水幕系统作为防火分隔时，由该报警区域内两只独立的感温火灾探测器的火灾报警信号（“与”逻辑）作为水幕阀组启动的联动触发信号，在联动触发信号的逻辑关系满足后，由消防联动控制器联动控制水幕系统相关控制阀组的启动 （2）将水幕系统相关控制阀组和消防泵控制箱（柜）的启动、停止按钮用专用线路直接连接至设置在消防控制室内的消防联动控制器的手动控制盘上，直接手动控制消防泵的启动、停止及水幕系统相关控制阀组的开启 （3）压力开关、水幕系统相关控制阀组和消防泵的启动、停止的动作信号，应反馈至消防联动控制器

【考点五】消火栓系统联动与手动控制设计要求【★★】

（1）消火栓系统的联动控制设计要求。

1）消火栓系统出水干管上设置的低压压力开关、高位消防水箱出水管上设置的流量开关或报警阀压力开关等信号作为触发信号，直接控制启动消火栓泵，消火栓泵的联动控制不受消防联动控制器处于自动或手动状态影响。

2）当建筑内设置火灾自动报警系统时，消火栓按钮的动作信号作为报警信号及启动消火栓泵的联动触发信号，消防联动控制器在接收到满足逻辑关系的联动触发信号后，联动控制消火栓泵的启动。

（2）消火栓系统的手动控制设计要求。将消火栓泵控制箱（柜）的启动、停止按钮用专用线路直接连接至设置在消防控制室内的消防联动控制器的手动控制盘上，直接手动控制消火栓泵的启动与停止。

（3）消火栓泵的动作信号应反馈至消防联动控制器。

【考点六】防烟排烟系统的联动控制设计要求【★★】

（一）防烟系统的联动控制设计要求

由加压送风口所在防火分区内的两只独立的火灾探测器或一只火灾探测器与一只手动火灾报警按钮的报警信号（“与”逻辑），作为送风口开启和加压送风机启动的联动触发信号，消防联动控制器在接收到满足逻辑关系的联动触发信号后，联动控制火灾层和相关层前室等需要加压送风场所的加压送风口开启和加压送风机启动。

（二）排烟系统的联动控制设计要求

（1）由同一防烟分区内的两只独立的火灾探测器的报警信号（“与”逻辑）作为排烟口、排烟窗或排烟阀开启的联动触发信号，消防联动控制器在接收到满足逻辑关系的联动触发信号后，联动控制排烟口、排烟窗或排烟阀的开启，同时停止该防烟分区的空调系统。

（2）由排烟口、排烟窗或排烟阀开启的动作信号作为排烟风机启动的联动触发信号，消防联动控制器在接收到满足逻辑关系的联动触发信号后，联动控制排烟风机的启动。

（3）由同一防烟分区内且位于电动挡烟垂壁附近的两只独立的感烟火灾探测器的报警信号（“与”逻辑）作为电动挡烟垂壁降落的联动触发信号，消防联动控制器在接收到满足逻辑关系的联动触发信号后，联动控制电动挡烟垂壁的降落。

【考点七】防火门及防火卷帘系统联动控制设计要求【★★】

（一）防火门系统的联动控制设计要求

（1）由常开防火门所在防火分区内的两只独立的火灾探测器或一只火灾探测器与一只手动火灾报警按钮的报警信号（“与”逻辑），作为常开防火门关闭的联动触发信号，消防联动控制器在接收到满足逻辑关系的联动触发信号后，联动控制防火门关闭或向防火门监控器发出联动触发信号，由防火门监控器联动控制防火门关闭。

（2）疏散通道上各防火门的开启、关闭及故障状态信号应反馈至防火门监控器。

（二）疏散通道上设置的防火卷帘的联动控制设计要求

（1）疏散通道上设置的防火卷帘的联动控制设计原则：

1）防火分区内任两只独立的感烟火灾探测器或任一只专门用于联动防火卷帘的感烟火灾探测器的报警信号作为防火卷帘下降的首个联动触发信号，防火卷帘控制器在接收到满足逻辑关系的联动触发信号后，联动控制防火卷帘下降至距楼板面1.8 m处。

2）任一只专门用于联动防火卷帘的感温火灾探测器的报警信号作为防火卷帘下降的后续联动触发信号，防火卷帘控制器在接收到满足逻辑关系的联动触发信号后，联动控制防火卷帘下降到楼板面。

3）在卷帘的任一侧距卷帘纵深0.5 ~ 5 m内应设置不少于2只专门用于联动防火卷帘的感温火灾探测器。

（2）疏散通道上设置的防火卷帘的手动控制设计：由防火卷帘两侧设置的手动控制按钮控制防火卷帘的升降。

（三）非疏散通道上设置的防火卷帘的控制设计要求

（1）非疏散通道上设置的防火卷帘的联动控制设计要求。应由防火卷帘所在防火分区内任两只独立的火灾探测器的报警信号（“与”逻辑），作为防火卷帘下降的联动触发信号，防火卷帘控制器在接收到满足逻辑关系的联动触发信号后，联动控制防火卷帘直接下降到楼板面。

（2）非疏散通道上设置的防火卷帘的手动控制设计要求。由防火卷帘两侧设置的手动控制按钮控制防火卷帘的升降，并应能在消防控制室内的消防联动控制器上手动控制防火卷帘的降落。

【考点八】火灾自动报警系统布线要求【★★】

（1）火灾自动报警系统应单独布线，系统内不同电压等级、不同电流类别的线路，不应布在同一管内或线槽的同一槽孔内。在管内或线槽内的布线，应在建筑抹灰及地面工程结束后进行，管内或线槽内不应有积水及杂物。

（2）导线在管内或线槽内不应有接头或扭结。导线的接头应在接线盒内焊接或用端子连接。从接线盒、线槽等处引到探测器底座、控制设备、扬声器的线路，当采用金属软管保护时，其长度不应大于2 m。敷设在多尘或潮湿场所的管路的管口和管子连接处，均应做密封处理。

（3）管路超过下列长度时，应在便于接线处装设接线盒：

1）管子长度每超过30 m，无弯曲时；

2）管子长度每超过20 m，有1个弯曲时；

3）管子长度每超过10 m，有2个弯曲时；

4）管子长度每超过8 m，有3个弯曲时。

（4）金属管子入盒，盒外侧应套锁母，内侧应装护口；在吊顶内敷设时，盒的内外侧均应套锁母。塑料管入盒时应采取相应固定措施。明敷设各类管路和线槽时，应采用单独的卡具吊装或支撑物固定。吊装线槽或管路的吊杆直径不应小于6 mm。

（5）线槽敷设时，应在下列部位设置吊点或支点：

1）线槽始端、终端及接头处；

2）距接线盒0.2 m处；

3）线槽转角或分支处；

4）直线段不大于3 m处。

（6）线槽接口应平直、严密，槽盖应齐全、平整、无翘角。并列安装时，槽盖应便于开启。管线经过建筑物的变形缝处，应采取补偿措施，导线跨越变形缝的两侧时应固定，并留有适当余量。

（7）火灾自动报警系统导线敷设后，应用 500 V 绝缘电阻表测量每个回路导线对地的绝缘电阻，且绝缘电阻值不应小于 20 MΩ。同一工程中的导线，应根据不同用途选择不同颜色加以区分，相同用途的导线颜色应一致。电源线正极应为红色，负极应为蓝色或黑色。

【考点九】火灾自动报警系统工程质量检测判定标准【★★】

系统内的设备及配件型号、规格与设计不符，无国家相关证书和检验报告；系统内的任一控制器和火灾探测器无法发出报警信号，无法实现要求的联动功能的，定为 A 类不合格。检测前提供的资料不符合相关要求的定为 B 类不合格。其余不合格项均为 C 类不合格。系统检测合格判定应为：A=0 且 B ≤ 2，且 B+C ≤检查项的 5%，否则为不合格。

【考点十】火灾自动报警系统维护管理规定（见表 2—2—6—5）【★★】

表 2—2—6—5 火灾自动报警系统维护管理规定

周期	维护管理规定
季度	（1）采用专用检测仪器分期分批试验探测器的动作及确认灯显示 （2）试验火灾警报装置的声光显示 （3）试验水流指示器、压力开关等的报警功能、信号显示 （4）对主用电源和备用电源进行 1 ~ 3 次自动切换试验 （5）自动或手动检查下列消防控制设备的控制显示功能：①室内消火栓、自动喷水、泡沫、气体、干粉等灭火系统的控制设备。②抽验电动防火门、防火卷帘门，数量不少于总数的 25%。③选层试验消防应急广播设备，并试验公共广播强制转入火灾应急广播的功能，抽检数量不少于总数的 25%。④消防应急照明与疏散指示标志的控制装置。⑤送风机、排烟机和自动挡烟垂壁的控制设备。⑥检查消防电梯迫降功能。⑦应抽取不少于总数 25% 的消防电话和电话插孔在消防控制室进行对讲通话试验
年度	（1）应用专用检测仪器对所安装的全部探测器和手动报警装置试验至少一次 （2）自动和手动打开排烟阀，关闭电动防火阀和空调系统 （3）对全部电动防火门、防火卷帘的试验至少进行一次 （4）强制切断非消防电源功能试验 （5）对其他有关的消防控制装置进行功能试验
系统检测与维修	具有报脏功能的探测器，在报脏时应及时清洗保养。没有报脏功能的探测器，应按产品说明书的要求进行清洗保养；产品说明书没有明确要求的，应每两年清洗或标定一次。不同类型的探测器应有 10% 且不少于 50 只的备品。火灾自动报警系统内的产品寿命应符合国家有关标准要求，达到寿命极限的产品应及时更换

【考点十一】可燃气体探测报警系统分类（见表 2—2—6—6）及适用范围【★★】

表 2—2—6—6　可燃气体探测报警系统分类

分类依据	分类方式
可燃气体探测器	（1）测量范围为 0 ～ 100%LEL 的点型可燃气体探测器 （2）测量范围为 0 ～ 100%LEL 的独立式可燃气体探测器 （3）测量范围为 0 ～ 100%LEL 的便携式可燃气体探测器 （4）测量人工煤气的点型可燃气体探测器 （5）测量人工煤气的独立式可燃气体探测器 （6）测量人工煤气的便携式可燃气体探测器 （7）线型可燃气体探测器
可燃气体报警控制器	（1）多线制可燃气体报警控制器：即采用多线制方式与可燃气体报警控制器连接 （2）总线制可燃气体报警控制器：即采用总线（一般为 2 ～ 4 根）方式与可燃气体探测器连接

可燃气体探测报警系统适用于使用、生产或聚集可燃气体或可燃液体蒸气场所可燃气体浓度探测，在泄漏或聚集可燃气体浓度达到爆炸下限前发出报警信号。

【考点十二】可燃气体探测报警系统设计要求【★★★★★】

可燃气体探测报警系统是一个独立的子系统，属于火灾预警系统，应独立组成。可燃气体探测器应接入可燃气体报警控制器，不应直接接入火灾报警控制器的探测器回路。

（一）可燃气体探测器的设置

（1）探测气体密度小于空气密度的可燃气体探测器应设置在被保护空间的顶部，探测气体密度大于空气密度的可燃气体探测器应设置在被保护空间的下部，探测气体密度与空气密度相当时，可燃气体探测器可设置在被保护空间的中间部位或顶部。

（2）可燃气体探测器宜设置在可能产生可燃气体的部位附近。线型可燃气体探测器的保护区域长度不宜大于 60 m。

（二）可燃气体报警控制器的设置

（1）当有消防控制室时，可燃气体报警控制器可设置在保护区域附近。

（2）当无消防控制室时，可燃气体报警控制器应设置在有人员值班的场所。

（3）可燃气体报警控制器的设置应符合火灾报警控制器的安装设置要求。

【考点十三】电气火灾监控系统分类（见表 2—2—6—7）及适用范围【★★】

表 2—2—6—7　电气火灾监控系统分类

分类依据	分类方式
电气火灾监控探测器	（1）按工作方式分类：①独立式电气火灾监控探测器，即可以自成系统，不需要配接电气火灾监控设备；②非独立式电气火灾监控探测器，即自身不具有报警功能，需要配接电气火灾监控设备组成系统

续表

分类依据	分类方式
电气火灾监控探测器	（2）按工作原理分类：①剩余电流保护式电气火灾监控探测器，即当被保护线路的相线直接或通过非预期负载对大地接通，而产生近似正弦波形且其有效值呈缓慢变化的剩余电流，当该电流大于预定数值时即自动报警的电气火灾监控探测器。②测温式（过热保护式）电气火灾监控探测器，即当被保护线路的温度高于预定数值时，自动报警的电气火灾监控探测器。③故障电弧式电气火灾监控探测器，即当被保护线路上发生故障电弧时，发出报警信号的电气火灾监控探测器
电气火灾监控设备	（1）多线制电气火灾监控设备，即采用多线制方式与电气火灾监控探测器连接 （2）总线制电气火灾监控设备，即采用总线（一般为 2 ~ 4 根）方式与电气火灾监控探测器连接

电气火灾监控系统适用于具有电气火灾危险场所，尤其是变电站、石油石化、冶金等不能中断供电的重要供电场所的电气故障探测，在产生一定电气火灾隐患的条件下发出报警信号。

【考点十四】电气火灾监控系统设计要求（见表 2—2—6—8）【★★】

表 2—2—6—8　　电气火灾监控系统设计要求

组件	设计要求
剩余电流式电气火灾监控探测器	应以设置在低压配电系统首端为基本原则，宜设置在第一级配电柜（箱）的出线端。在供电线路泄漏电流大于 500 mA 时，宜在其下一级配电柜（箱）上设置。不宜设置在 IT 系统的配电线路和消防配电线路中。选择剩余电流式电气火灾监控探测器时，应计供电系统自然漏流的影响，并选择参数合适的探测器；探测器报警值宜为 300 ~ 500 mA。具有探测线路故障电弧功能的电气火灾监控探测器，其保护线路的长度不宜大于 100 m
测温式电气火灾监控探测器	应设置在电缆接头、端子、重点发热部件等部位。保护对象为 1 000 V 及以下的配电线路测温式电气火灾监控探测器应采用接触式设置。保护对象为 1 000 V 以上的供电线路，测温式电气火灾监控探测器宜选择光栅光纤测温式或红外测温式电气火灾监控探测器，光栅光纤测温式电气火灾监控探测器应直接设置在保护对象的表面
独立式电气火灾监控探测器	设置应符合电气火灾监控探测器的设置要求。设有火灾自动报警系统时，独立式电气火灾监控探测器的报警信息和故障信息应在消防控制室图形显示装置或集中火灾报警控制器上显示，但该类信息与火灾报警信息的显示应有区别。未设火灾自动报警系统时，独立式电气火灾监控探测器应将报警信号传至有人员值班的场所
电气火灾监控器	设有消防控制室时，电气火灾监控器应设置在消防控制室内或保护区域附近；设置在保护区域附近时，应将报警信息和故障信息传入消防控制室。未设消防控制室时，电气火灾监控器应设置在有人员值班的场所

【考点十五】消防控制室建筑防火设计要求【★★】

设有消防联动功能的火灾自动报警系统和自动灭火系统或设有消防联动功能的火灾自动报警系统和机械防（排）烟设施的建筑，应设置消防控制室。消防控制室的设置应符合下列规定：

（1）单独建造的消防控制室，其耐火等级不应低于二级；

（2）附设在建筑内的消防控制室，宜设置在建筑内首层的靠外墙部位，也可设置在建筑物的地下一层，但应采用耐火极限不低于 2.00 h 的隔墙和不低于 1.50 h 的楼板，与其他部位隔开，并应设置直通室外的安全出口；

（3）消防控制室送、回风管的穿墙处应设防火阀；

（4）消防控制室内严禁有与消防设施无关的电气线路及管路穿过；

（5）不应设置在电磁场干扰较强及其他可能影响消防控制设备工作的设备用房附近。

【考点十六】消防控制室的功能要求【★★★★】

（1）具有两个及两个以上消防控制室时，应确定主消防控制室和分消防控制室；

（2）主消防控制室的消防设备应对系统内共用的消防设备进行控制，并显示其状态信息；

（3）主消防控制室内的消防设备应能显示各分消防控制室内消防设备的状态信息，并可对分消防控制室内的消防设备及其控制的消防系统和设备进行控制；

（4）各分消防控制室内的消防设备之间可以互相传输、显示状态信息，但不应互相控制。

第七章　防烟排烟系统

【考点一】防烟排烟系统的设置【★★】

（1）《建筑设计防火规范》（GB 50016—2014）第 8.5.1 条规定，建筑的下列场所或部位应设置防烟设施：

1）防烟楼梯间及其前室；

2）消防电梯间前室或合用前室；

3）避难走道的前室、避难层（间）。

建筑高度不大于 50 m 的公共建筑、厂房、仓库和建筑高度不大于 100 m 的住宅建筑，当其防烟楼梯间的前室或合用前室符合下列条件之一时，楼梯间可不设置防烟系统：

1）前室或合用前室采用敞开的阳台、凹廊；

2）前室或合用前室具有不同朝向的可开启外窗，且可开启外窗的面积满足自然排烟口的面积要求。

（2）《建筑设计防火规范》（GB 50016—2014）第 8.5.2 条规定，厂房或仓库的下列场所或部位应设置排烟设施：

1）人员或可燃物较多的丙类生产场所，丙类厂房内建筑面积大于 300 m^2 且经常有人停留或可燃物较多的地上房间；

2）建筑面积大于 5 000 m^2 的丁类生产车间；

3）占地面积大于 1 000 m^2 的丙类仓库；

4）高度大于 32 m 的高层厂房（仓库）内长度大于 20 m 的疏散走道，其他厂房（仓库）内长度大于 40 m 的疏散走道。

（3）《建筑设计防火规范》（GB 50016—2014）第 8.5.3 条规定，民用建筑的下列场所或部位应设置排烟设施：

1）设置在一、二、三层且房间建筑面积大于 100 m^2 的歌舞娱乐放映游艺场所，设置在四层及以上楼层、地下或半地下的歌舞娱乐放映游艺场所；

2）中庭；

3）公共建筑内建筑面积大于 100 m^2 且经常有人停留的地上房间；

4）公共建筑内建筑面积大于 300 m^2 且可燃物较多的地上房间；

5）建筑内长度大于 20 m 的疏散走道。

（4）《建筑设计防火规范》（GB 50016—2014）第 8.5.4 条规定，地下或半地下建筑（室）、地上建筑内的无窗房间，当总建筑面积大于 200 m^2 或一个房间建筑面积大于 50 m^2，且经常有人停留或可燃物较多时，应设置排烟设施。

【考点二】防烟排烟系统检测一般技术要求【★★】

（1）防烟排烟系统的组件和设备应符合设计选型，并应具有出厂产品合格证，消防产品应具有符合法定市场准入规则的证明文件。

（2）防烟排烟系统的组件、设备的永久性铭牌和按规定设置的标识，其文字和数据应齐全、符号应清晰、色标应正确。

（3）防烟排烟系统组件、设备、管道、线槽、支吊架等应完好无损、无锈蚀，设备、管道应无泄漏现象，导线和电缆的连接、绝缘性能、接地电阻等应符合设计要求。

（4）检测用的仪器、仪表等，应按国家有关规定计量检定合格。

【考点三】防烟排烟系统组件检测技术要求【★★】

（一）控制柜

（1）应注明系统名称和编号的标志。

（2）仪表、指示灯显示应正常，开关及控制按钮应灵活可靠。

（3）应有手动、自动切换装置。

（二）风机

（1）应注明系统名称和编号的标志。

（2）传动皮带的防护罩、新风入口的防护网应完好。

（3）启动运转平稳，叶轮旋转方向正确，无异常振动与声响。

（三）送风阀、排烟阀、排烟防火阀、电动排烟窗

（1）送风阀、排烟阀、排烟防火阀、电动排烟窗应安装牢固。

（2）开启与复位操作应灵活可靠，关闭时应严密，反馈信号应正确。

【考点四】防烟排烟系统功能检测技术要求【★★】

（一）机械加压送风系统

（1）应能自动和手动启动相应区域的送风阀、送风机，并向火灾报警控制器反馈信号。

（2）送风口风速不宜大于 7 m/s。

（3）防烟楼梯间的余压值应为 40 ～ 50 Pa，前室、合用前室的余压值应为 25 ～ 30 Pa。

（二）机械排烟系统

（1）应能自动和手动启动相应区域排烟阀、排烟风机，并向火灾报警控制器反馈信号。设有补风的系统，应在启动排烟风机的同时启动送风机。

（2）排烟口的风速不宜大于 10 m/s，排烟量应符合设计要求。

（3）当通风与排烟合用风机时，应能自动切换到高速运行状态。

（4）电动排烟窗系统，应具有直接启动或联动控制开启功能。

【考点五】防烟排烟系统验收的一般规定【★★】

根据《建筑防烟排烟系统技术标准》（GB 51251—2017）的规定，防烟排烟系统竣工后，应进行工程验收，验收不合格不得投入使用。工程验收工作应由建设单位负责，并应组织设计、施工、监理等单位共同进行。防烟排烟系统验收时应按《建筑防烟排烟系统技术标准》（GB 51251—2017）的要求填写防烟排烟系统及隐蔽工程验收记录表。

工程竣工验收时，施工单位应提供下列资料：

（1）竣工验收申请报告。

（2）施工图、设计说明书、设计变更通知书和设计审核意见书、竣工图。

（3）工程质量事故处理报告。

（4）防烟排烟系统施工过程质量检查记录。

（5）防烟排烟系统工程质量控制资料检查记录。

【考点六】防烟和排烟系统工程验收的内容【★★】

防烟和排烟系统工程验收包括以下内容：

（1）防烟排烟系统观感质量的综合验收。

（2）防烟排烟系统设备手动功能的验收。

（3）防烟排烟系统设备应按设计联动启动，并进行功能验收。

（4）自然通风及自然排烟设施验收。

（5）机械防烟系统的性能验收。

（6）机械排烟系统的性能验收。

【考点七】防烟排烟系统工程质量验收判定条件【★★】

系统工程质量验收判定条件应符合下列规定：

（1）系统的设备、部件型号及规格与设计不符，无出厂质量合格证明文件，无符合消防产品准入制度规定的检验报告，系统验收不符合《建筑防烟排烟系统技术标准》（GB 51251—2017）第 8.2.2 条 ~ 第 8.2.6 条中任一款功能及主要性能参数要求的，定为 A 类不合格。

（2）不符合《建筑防烟排烟系统技术标准》（GB 51251—2017）第 8.1.4 条任一款要求的，定为 B 类不合格。

（3）不符合《建筑防烟排烟系统技术标准》（GB 51251—2017）第 8.2.1 条任一款要求的，定为 C 类不合格。

（4）系统验收合格判定标准为：$A=0$，且 $B \leqslant 2$，$B+C \leqslant 6$ 为合格，否则为不合格。

【考点八】防烟排烟系统维护管理一般规定【★★】

建筑防烟排烟系统是建筑消防设施的重要组成部分，防烟排烟系统维护管理工作应符合下列规定：

（1）应明确建筑防烟排烟系统的维护管理归口部门、管理人员及其工作职责，建立健全防烟排烟系统的值班、巡查、检测、维修、保养、建档等制度，确保防烟排烟系统正常运行。

（2）建筑防烟排烟系统维护管理单位（部门）应与防烟排烟系统设备生产厂家、施工安装企业等有维修、保养能力的单位签订消防设施维修、保养合同。维护管理单位自身有维修、保养能力的，应明确维修、保养职能部门和人员。

（3）建筑防烟排烟系统投入使用后，应处于正常工作状态。防烟排烟系统的电源开关、管道阀门，均应处于正常运行位置，并标示开、关状态；对需要保持常开或常闭状态的阀门，应采取铅封、标识等限位措施；对具有信号反馈功能的阀门，其状态信号应反馈到消防控制室；防烟排烟系统及其相关设备电气控制柜具有控制方式转换装置的，其所处控制方式宜反馈至消防控制室。

（4）值班、巡查、检测时发现故障，应及时组织修复。因故障维修等原因需要暂时停用防烟排烟系统的，应有确保消防安全的有效措施，并经单位消防安全责任人批准，不应擅自关停防烟排烟系统。

【考点九】防烟排烟系统维护管理内容【★★★】

防烟排烟系统维护管理包括值班、巡查、检测、维修、保养、建档等工作，确保防烟和排烟等建筑消防设施正常运行。

（一）值班

（1）设有建筑防烟和排烟系统的单位应根据消防设施操作使用要求制定操作规程，明确操作人员。

（2）负责防烟排烟系统的操作人员应通过消防行业特有工种职业技能鉴定，持有初级技能以上等级的职业资格证书，能熟练操作防烟排烟系统等消防设施。消防控制室、具有消防配电功能的配电室，消防水泵房、防烟排烟机房等重要的消防设施操作控制场所，应根据工作、生产、经营特点建立值班制度，确保火灾情况下有人能按操作规程及时、正确地操作建筑消防设施。

（3）单位制定灭火和应急疏散预案以及组织预案演练时，应将建筑防烟排烟系统等消防设施的操作内容纳入其中，对操作过程中发现的问题应及时纠正。

（二）巡查

（1）防烟和排烟系统巡查应明确巡查部位、频次和内容。巡查时应填写建筑消防设施巡查记录表。巡查时发现故障，应及时处理。巡查频次应满足下列要求：

1）公共娱乐场所营业时，应结合公共娱乐场所每2 h巡查一次的要求，视情况将建筑消防设施的巡查部分或全部纳入其中，但全部建筑消防设施应保证每日至少巡查一次；

2）消防安全重点单位，每日巡查一次；

3）其他单位，每周至少巡查一次。

（2）防烟排烟系统的巡查内容：

1）送风阀外观；

2）送风机和控制柜外观及工作状态；

3）挡烟垂壁和控制装置及其工作状况，排烟阀及其控制装置外观；

4）电动排烟窗和自然排烟窗外观；

5）排烟机和控制柜外观及其工作状况；

6）送风、排烟机房环境。

（三）检测

建筑防烟排烟系统应每年至少检测一次，检测对象包括全部设备、组件等，设有自动消防系统的宾馆、饭店、商场、市场、公共娱乐场所等人员密集场所，易燃易爆单位以及其他一类高层公共建筑等消防安全重点单位，应自系统投入运行后每一年底前将年度检测记录报当地消防部门备案。在重大节日、重大活动前或者期间，应对包括防烟排烟系统在内的建筑消防设施进行检测。检测内容见表2—2—7—1。

表 2—2—7—1 建筑防烟和排烟系统检测内容

检测项目		检测内容
机械加压送风系统	送风口	测试手动 / 自动开启功能
	送风机	测试手动 / 自动启动、停止功能
	送风量、风速、风压	测试最大负荷状态下系统送风量、风速、风压
	联动控制功能	通过报警联动，检查防火阀、送风自动开启和启动功能
机械排烟系统	自然排烟设施	测试自动排烟窗的开启面积、开启方式
	排烟阀、自动排烟窗、自动挡烟垂壁、排烟防火阀	测试排烟阀、自动排烟窗手动 / 自动开启功能，测试挡烟垂壁的释放功能，测试排烟防火阀的动作性能
	排烟风机	测试手动 / 自动启动、排烟防火阀联动停止功能
	排烟风量、风速	测试最大负荷状态下系统排烟风量、风速
	联动控制功能	通过报警联动，检查电动挡烟垂壁、电动排气阀、电动排烟窗的功能，检查排烟风机的性能

（四）维修

（1）值班、巡查、检测、灭火演练中发现防烟排烟系统等建筑消防设施存在问题和故障的，相关人员应填写“建筑消防设施故障维修记录表”，并向单位消防安全管理人报告。

（2）单位消防安全管理人对防烟排烟系统存在的问题和故障，应立即通知维修人员进行维修。维修期间，应采取确保消防安全的有效措施。故障排除后应进行相应功能试验并经单位消防安全管理人检查确认。维修情况应记入“建筑消防设施故障维修记录表”。

（五）保养

（1）防烟排烟系统等建筑消防设施维护保养应制订计划，列明消防设施的名称、维护保养的内容和周期。

（2）应按照产品说明书的要求定期进行维护保养，填写“建筑消防设施维护保养记录表”并进行相应功能试验。

（3）对易污染、易腐蚀生锈的消防设备、管道、阀门应定期清洁、除锈、注润滑剂。

（4）对于使用周期超过产品说明书标识寿命的易损件、消防设备，以及经检查测试已不能正常使用的产品设备应及时更换。

（六）档案

防烟排烟系统等建筑消防设施档案应包含建筑消防设施基本情况和动态管理情况。

基本情况包括建筑消防设施的验收文件和产品、系统使用说明书、系统调试记录、建筑消防设施平面布置图、建筑消防设施系统图等原始技术资料。

动态管理情况包括建筑消防设施的值班记录、巡查记录、检测记录、故障维修记录以及维护保养计划表、维护保养记录、自动消防控制室值班人员基本情况档案及培训记录等。

【考点十】防烟排烟系统的维护管理【★★】

防烟排烟系统的维护管理应符合下列规定：

（1）建筑防烟排烟系统应制定维护保养管理制度及操作规程，并应保证系统处于准工作状态。

（2）维护、管理人员应熟悉防烟排烟系统的原理、性能和操作维护规程。

（3）每季度应对防烟排烟风机、活动挡烟垂壁、自动排烟窗进行一次功能检测启动试验及供电线路检查。

（4）每半年应对全部排烟防火阀、送风阀或送风口、排烟阀或排烟口进行自动或手动启动试验一次。

（5）每年应对全部防烟排烟系统进行一次联动试验和性能检测，其联动功能和性能参数应符合原设计要求。

（6）排烟窗的温控释放装置、排烟防火阀的易熔片应有 10% 的备用件，且不少于 10 只。

（7）当防烟排烟系统采用无机玻璃钢风管时，应每年对该风管进行质量检查。检查面积应不少于风管面积的 30%；风管表面应光洁，无明显泛霜、结露和分层现象。

第八章　消防应急照明和疏散指示系统

【考点一】档案资料管理【★★】

系统正式启用后，应保管好下述文件资料：

（1）系统竣工图及设备的技术资料。

（2）系统的操作规程及维护保养管理制度。

（3）系统操作员名册及相应的工作职责。

（4）值班记录、日常检查记录、维护保养记录和相关使用图表。

【考点二】日常检查【★★】

（1）系统保持连续正常运行，不得随意中断。

（2）检查消防应急灯具外观结构是否有破损。

（3）检查消防应急标志灯具的工作状态，一旦发现光源熄灭、疏散指示方向更改或故障指示灯点亮或电池电压低于规定时应立即进行维修或更换。

（4）检查消防应急照明灯具的工作状态，如果故障指示灯点亮或电池电压低于规定时应立即进行维修或更换。

（5）检查应急照明配电箱是否有故障。

（6）记录检查情况。

【考点三】定期维护保养【★★】

每季度检查、试验消防应急照明和疏散指示系统的下列功能，并按要求填写相应记录。

（1）检查消防应急灯具、应急照明配电箱的工作状态。

（2）模拟消防联动控制信号联动应急照明配电箱，检查系统转入应急工作状态的控制功能。

（3）检查应急灯具的应急工作时间。

如果系统全部功能正常，不存在故障，则填好“定期维护保养记录表”并存档。如果发现系统存在问题和故障，相关人员还要填写“故障维修记录表”，并向单位消防安全管理人报告。单位消防安全管理人应立即组织维修。当场有条件维修解决的当场维修解决；当场没有条件维修解决的，尽可能在 24 h 内维修解决。需要由供应商或者厂家提供零配件或协助维修解决的，若不影响系统主要功能，可在 7 个工作日内解决。故障排除后经单位消防安全管理人检查确认。维修情况应记入“故障维修记录表”并存档。

【考点四】系统与整机性能【★★】

（1）系统的应急转换时间不应大于 5 s，高危险区域使用的系统的应急转换时间不应大于 0.25 s。

（2）系统的应急工作时间不应小于 90 min，且不小于灯具本身标称的应急工作时间。

（3）应急照明控制器应有主、备用电源的工作状态指示，并能实现主、备用电源的自动转换，且备用电源应至少能保证应急照明控制器正常工作 3 h。

（4）应急照明控制器在下述情况下应发出故障声、光信号，并指示故障类型。故障声信号应能手动消除，故障光信号在故障排除前应保持。故障期间，灯具应能转入应急状态。故障条件如下所述：

1）应急照明控制器的主电源欠压；

2）应急照明控制器备用电源的充电器与备用电源之间的连接线开路、短路；

3）应急照明控制器与为其供电的备用电源之间的连接线开路、短路。

第九章　建筑灭火器配置

【考点一】场所的火灾种类和危险等级【★★】

（一）火灾种类

（1）《建筑灭火器配置设计规范》（GB 50140—2005）第 3.1.1 条规定，灭火器配置场所的火灾种类应根据该场所内的物质及其燃烧特性进行分类。

（2）《建筑灭火器配置设计规范》（GB 50140—2005）第 3.1.2 条规定，灭火器配置场所的火灾种类可划分为以下五类。

1）A 类火灾：固体物质火灾。

2）B 类火灾：液体火灾或可熔化固体物质火灾。

3）C 类火灾：气体火灾。

4）D 类火灾：金属火灾。

5）E 类火灾（带电火灾）：物体带电燃烧的火灾。

（二）危险等级

（1）《建筑灭火器配置设计规范》（GB 50140—2005）第 3.2.1 条规定，工业建筑灭火器配置场所的危险等级，应根据其生产、使用、储存物品的火灾危险性，可燃物数量，火灾蔓延速度，扑救难易程度等因素，划分为以下三级。

1）严重危险级：火灾危险性大，可燃物多，起火后蔓延迅速，扑救困难，容易造成重大财产损失的场所；

2）中危险级：火灾危险性较大，可燃物较多，起火后蔓延较迅速，扑救较难的场所；

3）轻危险级：火灾危险性较小，可燃物较少，起火后蔓延较缓慢，扑救较易的场所。

（2）《建筑灭火器配置设计规范》（GB 50140—2005）第 3.2.2 条规定，民用建筑灭火器配置场所的危险等级，应根据其使用性质、人员密集程度、用电用火情况、可燃物数量、火灾蔓延速度、扑救难易程度等因素，划分为以下三级。

1）严重危险级：使用性质重要，人员密集，用电用火多，可燃物多，起火后蔓延迅速，扑救困难，容易造成重大财产损失或人员群死群伤的场所；

2）中危险级：使用性质较重要，人员较密集，用电用火较多，可燃物较多，起火后蔓延较迅速，扑救较难的场所；

3）轻危险级：使用性质一般，人员不密集，用电用火较少，可燃物较少，起火后蔓延较缓慢，扑救较易的场所。

【考点二】灭火器的选择【★★】

（1）《建筑灭火器配置设计规范》（GB 50140—2005）第 4.1.1 条规定，灭火器的选择应考虑下列因素：

1）灭火器配置场所的火灾种类；

2）灭火器配置场所的危险等级；

3）灭火器的灭火效能和通用性；

4）灭火剂对保护物品的污损程度；

5）灭火器设置点的环境温度；

6）使用灭火器人员的体能。

（2）《建筑灭火器配置设计规范》（GB 50140—2005）第4.1.3条规定，在同一灭火器配置场所，当选用两种或两种以上类型灭火器时，应采用灭火剂相容的灭火器。

（3）A类火灾场所应选择水型灭火器、磷酸铵盐干粉灭火器、泡沫灭火器或卤代烷灭火器。

（4）B类火灾场所应选择泡沫灭火器、碳酸氢钠干粉灭火器、磷酸铵盐干粉灭火器、二氧化碳灭火器、灭B类火灾的水型灭火器或卤代烷灭火器。极性溶剂的B类火灾场所应选择灭B类火灾的抗溶性灭火器。

（5）C类火灾场所应选择磷酸铵盐干粉灭火器、碳酸氢钠干粉灭火器、二氧化碳灭火器或卤代烷灭火器。

（6）D类火灾场所应选择扑灭金属火灾的专用灭火器。

（7）E类火灾场所应选择磷酸铵盐干粉灭火器、碳酸氢钠干粉灭火器、卤代烷灭火器或二氧化碳灭火器，但不得选用装有金属喇叭喷筒的二氧化碳灭火器。

【考点三】灭火器的设置【★★】

（1）灭火器应放置在位置明显和便于取用的地点，且不得影响安全疏散。

（2）对有视线障碍的灭火器设置点，应设置指示其位置的发光标志。

（3）灭火器的摆放应稳固，其铭牌应朝外。手提式灭火器宜设置在灭火器箱内或挂钩、托架上，其顶部离地面高度不应大于1.50 m；底部离地面高度不宜小于0.08 m。灭火器箱不得上锁。

（4）灭火器不宜设置在潮湿或强腐蚀性的地点。当必须设置时，应有相应的保护措施。灭火器设置在室外时，应有相应的保护措施。

（5）灭火器不得设置在超出其使用温度范围的地点。

【考点四】灭火器的配置【★★】

（1）一个计算单元内配置的灭火器数量不得少于2具。

（2）每个设置点的灭火器数量不宜多于5具。

（3）A类火灾场所灭火器的最低配置基准应符合表2—2—9—1的规定。

表2—2—9—1　　A类火灾场所灭火器的最低配置基准

危险等级	严重危险级	中危险级	轻危险级
单具灭火器最小配置灭火级别	3 A	2 A	1 A
单位灭火级别最大保护面积（m^2/A）	50	75	100

（4）B、C类火灾场所灭火器的最低配置基准应符合表2—2—9—2的规定。

表2—2—9—2 B、C类火灾场所灭火器的最低配置基准

危险等级	严重危险级	中危险级	轻危险级
单具灭火器最小配置灭火级别	89 B	55 B	21 B
单位灭火级别最大保护面积（m^2/B）	0.5	1.0	1.5

（5）D类火灾场所的灭火器最低配置基准应根据金属的种类、物态及其特性等研究确定。

（6）E类火灾场所的灭火器最低配置基准不应低于该场所内A类（或B类）火灾的规定。

【考点五】灭火器配置设计计算【★★】

（一）一般规定

（1）灭火器配置的设计与计算应按计算单元进行。灭火器最小需配灭火级别和最少需配数量的计算值应进位取整。

（2）每个灭火器设置点实配灭火器的灭火级别和数量不得小于最小需配灭火级别和数量的计算值。

（3）灭火器设置点的位置和数量应根据灭火器的最大保护距离确定，并应保证最不利点至少在1具灭火器的保护范围内。

（二）计算单元

（1）灭火器配置设计的计算单元应按下列规定划分：

1）当一个楼层或一个水平防火分区内各场所的危险等级和火灾种类相同时，可将其作为一个计算单元。

2）当一个楼层或一个水平防火分区内各场所的危险等级和火灾种类不相同时，应将其分别作为不同的计算单元。

3）同一计算单元不得跨越防火分区和楼层。

（2）计算单元保护面积的确定应符合下列规定：

1）建筑物应按其建筑面积确定；

2）可燃物露天堆场，甲、乙、丙类液体储罐区，可燃气体储罐区应按堆垛、储罐的占地面积确定。

（三）配置设计计算

（1）计算单元的最小需配灭火级别应按下式计算：

$$Q=KS/U \qquad (2—2—9—1)$$

式中 Q——计算单元的最小需配灭火级别（A或B）；

K——修正系数；

S——计算单元的保护面积（m^2）；

U——A类或B类火灾场所单位灭火级别最大保护面积（m^2/A或m^2/B）。

（2）修正系数应按表2—2—9—3的规定取值。

表2—2—9—3 修正系数

计算单元	K
未设室内消火栓系统和灭火系统	1.0
设有室内消火栓系统	0.9
设有灭火系统	0.7
设有室内消火栓系统和灭火系统	0.5
可燃物露天堆场 甲、乙、丙类液体储罐区 可燃气体储罐区	0.3

（3）歌舞娱乐放映游艺场所、网吧、商场、寺庙以及地下场所等的计算单元的最小需配灭火级别应按下式计算：

$$Q=1.3KS/U \qquad (2—2—9—2)$$

（4）计算单元中每个灭火器设置点的最小需配灭火级别应按下式计算：

$$Q_e=Q/N \qquad (2—2—9—3)$$

式中 Q_e——计算单元中每个灭火器设置点的最小需配灭火级别（A或B）；

N——计算单元中的灭火器设置点数（个）。

（5）灭火器配置的设计计算可按下述程序进行：

1）确定各灭火器配置场所的火灾种类和危险等级；

2）划分计算单元，计算各计算单元的保护面积；

3）计算各计算单元的最小需配灭火级别；

4）确定各计算单元中的灭火器设置点的位置和数量；

5）计算每个灭火器设置点的最小需配灭火级别；

6）确定每个设置点灭火器的类型、规格与数量；

7）确定每具灭火器的设置方式和要求；

8）在工程设计图上用灭火器图例和文字标明灭火器的型号、数量与设置位置。

【考点六】进场检查【★★】

（1）灭火器的进场检查应符合下列要求：

1）灭火器应符合市场准入的规定，并应有出厂合格证和相关证书；

2）灭火器的铭牌、生产日期和维修日期等标志应齐全；

3）灭火器的类型、规格、灭火级别和数量应符合配置设计要求；

4）灭火器筒体应无明显缺陷和机械损伤；

5）灭火器的保险装置应完好；

6）灭火器压力指示器的指针应在绿区范围内；

7）推车式灭火器的行驶机构应完好。

检查数量：全数检查。

检查办法：观察检查，资料检查。

（2）灭火器箱的进场检查应符合下列要求：

1）灭火器箱应有出厂合格证和型式检验报告；

2）灭火器箱外观应无明显缺陷和机械损伤；

3）灭火器箱应开启灵活。

检查数量：全数检查。

检查办法：观察检查，资料检查。

（3）设置灭火器的挂钩、托架应符合配置设计要求，无明显缺陷和机械损伤，并应有出厂合格证。

检查数量：全数检查。

检查办法：观察检查，资料检查。

（4）发光指示标志应无明显缺陷和损伤，并应有出厂合格证和型式检验报告。

检查数量：全数检查。

检查办法：观察检查，资料检查。

【考点七】安装设置【★★】

（1）灭火器箱不应被遮挡、上锁或拴系。

（2）灭火器箱的箱门开启应方便灵活，其箱门开启后不得阻挡人员安全疏散。除不影响灭火器取用和人员疏散的场合外，开门型灭火器箱的箱门开启角度不应小于175°，翻盖型灭火器箱的翻盖开启角度不应小于100°。

检查数量：全数检查。

检查方法：观察检查与实测。

（3）嵌墙式灭火器箱及挂钩、托架的安装高度应满足手提式灭火器顶部离地面距离不大于1.50 m，底部离地面距离不小于0.08 m的规定。

检查数量：随机抽查20%，但不少于3个；总数少于3个时，全数检查。

检查方法：观察检查与实测。

【考点八】配置验收【★★】

（1）灭火器安装设置后，必须进行配置验收，验收不合格不得投入使用。

（2）灭火器的类型、规格、灭火级别和配置数量应符合建筑灭火器配置设计要求。

检查数量：按照灭火器配置单元的总数，随机抽查20%，并不得少于3个；少于3个配置单元的，全数检查。歌舞娱乐放映游艺场所、甲乙类火灾危险性场所、文物保护单位，全数检查。

验收方法：对照建筑灭火器配置设计图进行。

（3）灭火器的产品质量必须符合国家有关产品标准的要求。

检查数量：随机抽查20%，查看灭火器的外观质量。全数检查灭火器的合格手续。

验收方法：现场直观检查，查验产品有关质量证书。

（4）在同一灭火器配置单元内，采用不同类型灭火器时，其灭火剂应能相容。

检查数量：随机抽查20%。

验收方法：对照建筑灭火器配置设计文件和灭火器铭牌，现场核实。

（5）灭火器的保护距离应符合《建筑灭火器配置设计规范》（GB 50140—2005）的有关规

定，灭火器的设置应保证配置场所的任一点都在灭火器设置点的保护范围内。

检查数量：按照灭火器配置单元的总数，随机抽查20%；少于3个配置单元的，全数检查。

验收方法：用尺丈量。

（6）灭火器配置验收应按独立建筑进行，局部验收可按申报的范围进行。

（7）灭火器配置验收的判定规则应符合下列要求：

1）缺陷项目应按《建筑灭火器配置验收及检查规范》（GB 50444—2008）附录B的规定划分为：严重缺陷项（A）、重缺陷项（B）和轻缺陷项（C）。

2）合格判定条件应为：A=0，且 B ≤ 1，且 B+C ≤ 4，否则为不合格。

【考点九】检查与维护【★★★】

（一）检查

（1）灭火器的配置、外观等应按表2—2—9—4的要求每月进行一次检查。

表2—2—9—4　　建筑灭火器检查内容、要求及记录

检查内容和要求		检查记录	检查结论
配置检查	灭火器是否放置在配置图表规定的设置点位置		
	灭火器的落地、托架、挂钩等设置方式是否符合配置设计要求。手提式灭火器的挂钩、托架安装后是否能承受一定的静载荷，并不出现松动、脱落、断裂和明显变形		
	灭火器的铭牌是否朝外，并且器头向上		
	灭火器的类型、规格、灭火级别和配置数量是否符合配置设计要求		
	灭火器配置场所的使用性质，包括可燃物的种类和物态等，是否发生变化		
	灭火器是否达到送修条件和维修期限		
	灭火器是否达到报废条件和报废期限		
	室外灭火器是否有防雨、防晒等保护措施		
	灭火器周围是否存在有障碍物、遮挡、拴系等影响取用的现象		
	灭火器箱是否上锁，箱内是否干燥、清洁		
	特殊场所中灭火器的保护措施是否完好		
外观检查	灭火器的铭牌是否无残缺，并清晰明了		
	灭火器铭牌上关于灭火剂、驱动气体的种类、充装压力、总质量、灭火级别、制造厂名和生产日期或维修日期等标志及操作说明是否齐全		
	灭火器的铅封、销闩等保险装置是否未损坏或遗失		

续表

检查内容和要求		检查记录	检查结论
外观检查	灭火器的筒体是否无明显的损伤（磕伤、划伤）、缺陷、锈蚀（特别是筒底和焊缝）、泄漏		
	灭火器喷射软管是否完好，无明显龟裂，喷嘴不堵塞		
	灭火器的驱动气体压力是否在工作压力范围内（贮压式灭火器查看压力指示器是否指示在绿区范围内，二氧化碳灭火器和储气瓶式灭火器可用称重法检查）		
	灭火器的零部件是否齐全，并且无松动、脱落或损伤		
	灭火器是否未开启、喷射过		

（2）《建筑灭火器配置验收及检查规范》（GB 50444—2008）第 5.2.2 条规定，下列场所配置的灭火器，应按表 2—2—9—4 的要求每半月进行一次检查。

1）候车（机、船）室、歌舞娱乐放映游艺等人员密集的公共场所；

2）堆场、罐区、石油化工装置区、加油站、锅炉房、地下室等场所。

（3）日常巡检发现灭火器被挪动，缺少零部件，或灭火器配置场所的使用性质发生变化等情况时，应及时处置。

（4）灭火器的检查记录应予保留。

（二）送修

（1）《建筑灭火器配置验收及检查规范》（GB 50444—2008）第 5.3.1 条规定，存在机械损伤、明显锈蚀、灭火剂泄漏、被开启使用过或符合其他维修条件的灭火器应及时进行维修。

（2）《建筑灭火器配置验收及检查规范》（GB 50444—2008）第 5.3.2 条规定，灭火器的维修期限应符合表 2—2—9—5 的规定。

表 2—2—9—5 灭火器的维修期限

灭火器类型		维修期限
水基型灭火器	手提式水基型灭火器	出厂期满 3 年； 首次维修以后每满 1 年
	推车式水基型灭火器	
干粉灭火器	手提式（贮压式）干粉灭火器	出厂期满 5 年； 首次维修以后每满 2 年
	手提式（储气瓶式）干粉灭火器	
	推车式（贮压式）干粉灭火器	
	推车式（储气瓶式）干粉灭火器	
洁净气体灭火器	手提式洁净气体灭火器	
	推车式洁净气体灭火器	
二氧化碳灭火器	手提式二氧化碳灭火器	
	推车式二氧化碳灭火器	

（三）报废

（1）《建筑灭火器配置验收及检查规范》（GB 50444—2008）第 5.4.1 条规定，下列类型的灭火器应报废：

1）酸碱型灭火器；

2）化学泡沫型灭火器；

3）倒置使用型灭火器；

4）氯溴甲烷、四氯化碳灭火器；

5）国家政策明令淘汰的其他类型灭火器。

（2）《建筑灭火器配置验收及检查规范》（GB 50444—2008）第 5.4.2 条规定，有下列情况之一的灭火器应报废：

1）筒体严重锈蚀，锈蚀面积大于、等于筒体总面积的 1/3，表面有凹坑；

2）筒体明显变形，机械损伤严重；

3）器头存在裂纹、无泄压机构；

4）筒体为平底等结构不合理；

5）没有间歇喷射机构的手提式；

6）没有生产厂名称和出厂年月，包括铭牌脱落，或虽有铭牌，但已看不清生产厂名称，或出厂年月钢印无法识别；

7）筒体有锡焊、铜焊或补缀等修补痕迹；

8）被火烧过。

（3）《建筑灭火器配置验收及检查规范》（GB 50444—2008）第 5.4.3 条规定，灭火器出厂时间达到或超过表 2—2—9—6 规定的报废期限时应报废。

表 2—2—9—6　　灭火器的报废期限

<table>
<tr><th colspan="2">灭火器类型</th><th>报废期限（年）</th></tr>
<tr><td rowspan="2">水基型灭火器</td><td>手提式水基型灭火器</td><td rowspan="2">6</td></tr>
<tr><td>推车式水基型灭火器</td></tr>
<tr><td rowspan="4">干粉灭火器</td><td>手提式（贮压式）干粉灭火器</td><td rowspan="6">10</td></tr>
<tr><td>手提式（储气瓶式）干粉灭火器</td></tr>
<tr><td>推车式（贮压式）干粉灭火器</td></tr>
<tr><td>推车式（储气瓶式）干粉灭火器</td></tr>
<tr><td rowspan="2">洁净气体灭火器</td><td>手提式洁净气体灭火器</td></tr>
<tr><td>推车式洁净气体灭火器</td></tr>
<tr><td rowspan="2">二氧化碳灭火器</td><td>手提式二氧化碳灭火器</td><td rowspan="2">12</td></tr>
<tr><td>推车式二氧化碳灭火器</td></tr>
</table>

（4）《建筑灭火器配置验收及检查规范》（GB 50444—2008）第 5.4.4 条规定，灭火器报废后，应按照等效替代的原则进行更换。

第十章　消防供配电

【考点一】消防用电的负荷等级【★★】

（一）基本概念

消防负荷指消防用电设备，根据供电可靠性及中断供电所造成的损失或影响的程度，分为一级负荷、二级负荷及三级负荷。

（二）一级负荷

1. 一级负荷适用的场所

下列场所的消防用电应按一级负荷供电：

（1）建筑高度大于 50 m 的乙、丙类生产厂房和丙类物品库房。

（2）一类高层民用建筑。

（3）一级大型石油化工厂。

（4）大型钢铁联合企业。

（5）大型物资仓库等。

2. 一级负荷的电源供电方式

一级负荷应由两个电源供电，且要符合下列条件之一：

（1）任一电源发生故障时，两个电源的任何部分均不会同时损坏。

（2）一级负荷中特别重要的负荷，除由两个电源供电外，还应增设应急电源，并严禁将其他负荷接入应急供电系统。应急电源可以是独立于正常电源的发电机组、供电网中独立于正常电源的专用的馈电线路、蓄电池或干电池。

（3）结合消防用电设备的特点，以下供电方式可视为一级负荷供电：

1）电源一个来自区域变电站，同时另设一台自备发电机组。

2）电源来自两个区域变电站（电压在 35 kV 及以上）。

3）电源来自两个不同的发电厂。

（三）二级负荷

1. 二级负荷适用的场所

下列建筑物、储罐（区）和堆场的消防用电应按二级负荷供电：

（1）室外消防用水量大于 30 L/s 的厂房（仓库）；

（2）室外消防用水量大于 35 L/s 的可燃材料堆场、可燃气体储罐（区）和甲、乙类液体储罐（区）、粮食仓库及粮食筒仓；

（3）二类高层民用建筑；

（4）座位数超过 1 500 个的电影院、剧场；

（5）座位数超过 3 000 个的体育馆；

（6）任一层建筑面积大于 3 000 m^2 的商店和展览建筑；

（7）省（市）级及以上的广播电视、电信和财贸金融建筑；

（8）室外消防用水量大于 25 L/s 的其他公共建筑。

2. 二级负荷的电源供电方式

二级负荷的电源供电方式可以根据负荷容量及重要性进行选择：

（1）二级负荷的供电系统要尽可能采用两回路供电。

（2）在负荷较小或地区供电条件较困难的条件下，允许有一回路 6 kV 以上专线架空线或电缆供电。当采用架空线时，可为一回路架空线供电；当用电缆线路供电时，由于电缆发生故障恢复时间和故障点排查时间长，故应采用两个电缆组成的线路供电，且每个电缆均应能承受 100% 的二级负荷。

（四）三级负荷

（1）三级消防用电设备采用专用的单回路电源供电，并在其配电设备设有明显标志。其配电线路和控制回路应按照防火分区进行划分。

（2）消防水泵、消防电梯、防烟排烟风机等消防设备，应急电源可采用第二路电源、带自启动的应急发电机组或由二者组成的系统供电方式。

（3）消防控制室、消防水泵、消防电梯、防烟排烟风机等的供电，要在最末一级配电箱处设置自动切换装置。切换部位指各自的最末一级配电箱，如消防水泵应在消防水泵房的配电箱处切换、消防电梯应在电梯机房配电箱处切换。

【考点二】消防负荷的电源设计【★★】

（1）消防电源要在变压器的低压出线端设置单独的主断路器，不能与非消防负荷共用同一路进线断路器和同一低压母线段。

（2）消防电源应独立设置，即从建筑物变电所低压侧封闭母线处或进线柜处就将消防电源分出而各自成独立系统。

（3）如果建筑物为低压电缆进线，则从进线隔离电器下端将消防电源分开，从而确保消防电源相对建筑物而言是独立的，提高了消防负荷供电的可靠性。

（4）当建筑物双重电源中的备用电源为冷备用，且备用电源的投入时间不能满足消防负荷允许中断供电的时间时，要设置应急发电机组，机组的投入时间要满足消防负荷供电的要求。

【考点三】消防备用电源的设计【★★】

（1）当消防电源由自备应急发电机组提供备用电源时，消防用电负荷为一级或二级的要设置自动和手动启动装置，并在 30 s 内供电；当采用中压柴油发电机组时，火灾确认后要在 60 s 内供电。

（2）工作电源与应急电源之间要采用自动切换方式，同时按照负载容量由大到小的原则顺序启动。电动机类负载启动间隔宜在 10 ~ 20 s 之间。

（3）当采用柴油发电机组作为消防备用电源时，其电压等级要符合下列规定：

1）供电半径不大于 400 m 时，宜采用低压柴油发电机组。

2）供电半径大于 400 m 时，宜采用中压柴油发电机组。

3）线路电压降应不大于供电电压的 5%。备用消防电源的供电时间和容量，应能满足该建筑火灾延续时间内各消防用电设备的要求。

（4）当采用消防设备应急电源（FEPS）作为备用电源时，电池初装容量应为使用容量的

3 倍；三相供电的 EPS 单机容量不宜大于 120 kW，单相供电的 EPS 单机容量不宜大于 30 kW，且应有单节电池保护和电能均衡装置。

【考点四】配电设计【★★★★】

（1）消防水泵、喷淋水泵、水幕泵和消防电梯要由变配电站或主配电室直接出线，采用放射式供电；防烟排烟风机、防火卷帘以及疏散照明可采用放射式或树干式供电。消防水泵、防烟排烟风机及消防电梯的两路低压电源应能在设备机房内自动切换，其他消防设备的电源应能在每个防火分区配电间内自动切换；消防控制室的两路低压电源应能在消防控制室内自动切换。

（2）消防水泵、防烟排烟风机和正压送风机等设备不能采用变频调速器作为控制装置。电动机类的消防设备不能采用 EPS/UPS 作为备用电源。

（3）主消防泵为电动机水泵，备用消防泵为柴油机水泵。主消防泵可采用一路电源供电。消防设备的配电箱和控制箱宜安装在配电室、消防设备机房、配电小间或电气竖井内；当必须在其他场所安装时，箱体要采取防火措施，并满足火灾时消防设备持续运行时间的要求。

（4）消防负荷的配电线路所设置的保护电器要具有短路保护功能，但不宜设置过负荷保护装置，如设置只能用于报警而不能用于切断消防供电。消防水泵因轴封锈蚀而使消防水泵堵转，启动电流会很大使电缆发热，温度在达到设定值时为保护电器动作而切断电源，这是不允许的。如果不设置过负荷保护，则出现堵转，电缆温度上升 100℃或 200℃对于耐火 750℃或 950℃的电缆影响不是很大，在最大转矩的作用下，有可能克服电动机轴封阻力，使电动机逐渐转动起来。

（5）消防负荷的配电线路不能设置剩余电流动作保护和过、欠电压保护，因为在火灾这种特殊情况下，不管消防线路和消防电源处于什么状态或故障，为消防设备供电是最重要的。

（6）消防设备的配电装置与非消防设备的配电装置宜分列安装；若必须并列安装，则分界处应设防火隔断。消防配电设备应设有明显标志，专用消防配电柜宜采用红色柜体。

【考点五】电线电缆的选择【★★】

（1）火灾报警与消防联动控制系统的布线要选择铜芯绝缘导线或铜芯电缆。

（2）火灾自动报警系统的传输线路和采用 50 V 以下电压供电的控制线路，应采用电压等级不低于交流 300/500 V 的铜芯绝缘导线或铜芯电缆。

（3）采用交流 220/380 V 的供电和控制线路，应采用电压等级不低于交流 450/750 V 的铜芯绝缘导线或铜芯电缆。

（4）电线电缆种类及敷设方式要根据消防电线电缆在火灾条件下的持续工作时间因素进行选择；消防设备的配电线路要满足消防设备在火灾时持续运行时间的要求。

（5）要根据使用场所对线缆的毒性、烟密度、引发和传播火灾的可能性等的要求来选择普通负荷的配电线路、控制线路和电子信息系统线路的类型及敷设方式。

（6）消防用电设备配电系统的水平分支线路不宜跨越防火分区，当跨越防火分区时应采取防止火灾延燃的措施。

第三篇
消防安全管理案例分析

第一章　社会单位消防安全管理

【考点一】消防安全重点单位的界定标准【★★★★】

《机关、团体、企业、事业单位消防安全管理规定》（公安部第61号令）第十三条规定，下列范围的单位是消防安全重点单位，应当按照本规定的要求，实行严格管理：

（1）商场（市场）、宾馆（饭店）、体育场（馆）、会堂、公共娱乐场所等公众聚集场所（以下统称公众聚集场所）；

（2）医院、养老院和寄宿制的学校、托儿所、幼儿园；

（3）国家机关；

（4）广播电台、电视台和邮政、通信枢纽；

（5）客运车站、码头、民用机场；

（6）公共图书馆、展览馆、博物馆、档案馆以及具有火灾危险性的文物保护单位；

（7）发电厂（站）和电网经营企业；

（8）易燃易爆化学物品的生产、充装、储存、供应、销售单位；

（9）服装、制鞋等劳动密集型生产、加工企业；

（10）重要的科研单位；

（11）其他发生火灾可能性较大以及一旦发生火灾可能造成重大人身伤亡或者财产损失的单位。

高层办公楼（写字楼）、高层公寓楼等高层公共建筑，城市地下铁道、地下观光隧道等地下公共建筑和城市重要的交通隧道，粮、棉、木材、百货等物资集中的大型仓库和堆场，国家和省级等重点工程的施工现场，应当按照本规定对消防安全重点单位的要求，实行严格管理。

【考点二】消防安全责任【★★★★】

（1）《中华人民共和国消防法》第十六条规定，机关、团体、企业、事业等单位应当履行下列消防安全职责：

1）落实消防安全责任制，制定本单位的消防安全制度、消防安全操作规程，制定灭火和应急疏散预案；

2）按照国家标准、行业标准配置消防设施、器材，设置消防安全标志，并定期组织检验、维修，确保完好有效；

3）对建筑消防设施每年至少进行一次全面检测，确保完好有效，检测记录应当完整准确，存档备查；

4）保障疏散通道、安全出口、消防车通道畅通，保证防火防烟分区、防火间距符合消防技术标准；

5）组织防火检查，及时消除火灾隐患；

6）组织进行有针对性的消防演练；

7）法律、法规规定的其他消防安全职责。

单位的主要负责人是本单位的消防安全责任人。

（2）《机关、团体、企业、事业单位消防安全管理规定》（公安部第61号令）第六条规定，单位的消防安全责任人应当履行下列消防安全职责：

1）贯彻执行消防法规，保障单位消防安全符合规定，掌握本单位的消防安全情况；

2）将消防工作与本单位的生产、科研、经营、管理等活动统筹安排，批准实施年度消防工作计划；

3）为本单位的消防安全提供必要的经费和组织保障；

4）确定逐级消防安全责任，批准实施消防安全制度和保障消防安全的操作规程；

5）组织防火检查，督促落实火灾隐患整改，及时处理涉及消防安全的重大问题；

6）根据消防法规的规定建立专职消防队、志愿消防队；

7）组织制定符合本单位实际的灭火和应急疏散预案，并实施演练。

（3）《中华人民共和国消防法》第十七条规定，县级以上地方人民政府消防机构应当将发生火灾可能性较大以及发生火灾可能造成重大的人身伤亡或者财产损失的单位，确定为本行政区域内的消防安全重点单位，并由公安机关报本级人民政府备案。消防安全重点单位除应当履行本法第十六条规定的职责外，还应当履行下列消防安全职责：

1）确定消防安全管理人，组织实施本单位的消防安全管理工作；

2）建立消防档案，确定消防安全重点部位，设置防火标志，实行严格管理；

3）实行每日防火巡查，并建立巡查记录；

4）对职工进行岗前消防安全培训，定期组织消防安全培训和消防演练。

（4）《机关、团体、企业、事业单位消防安全管理规定》（公安部第61号令）第八条规定，实行承包、租赁或者委托经营、管理时，产权单位应当提供符合消防安全要求的建筑物，当事人在订立的合同中依照有关规定明确各方的消防安全责任；消防车通道、涉及公共消防安全的疏散设施和其他建筑消防设施应当由产权单位或者委托管理的单位统一管理。承包、承租或者受委托经营、管理的单位应当遵守本规定，在其使用、管理范围内履行消防安全职责。

（5）《机关、团体、企业、事业单位消防安全管理规定》（公安部第61号令）第九条规定，对于有两个以上产权单位和使用单位的建筑物，各产权单位、使用单位对消防车通道、涉及公共消防安全的疏散设施和其他建筑消防设施应当明确管理责任，可以委托统一管理。

（6）《机关、团体、企业、事业单位消防安全管理规定》（公安部第61号令）第十条规定，居民住宅区的物业管理单位应当在管理范围内履行下列消防安全职责：

1）制定消防安全制度，落实消防安全责任，开展消防安全宣传教育；

2）开展防火检查，消除火灾隐患；

3）保障疏散通道、安全出口、消防车通道畅通；

4）保障公共消防设施、器材以及消防安全标志完好有效。

其他物业管理单位应当对受委托管理范围内的公共消防安全管理工作负责。

（7）《机关、团体、企业、事业单位消防安全管理规定》（公安部第61号令）第十一条规定，举办集会、焰火晚会、灯会等具有火灾危险的大型活动的主办单位、承办单位以及提供场地的单位，应当在订立的合同中明确各方的消防安全责任。

（8）《机关、团体、企业、事业单位消防安全管理规定》（公安部第 61 号令）第十二条规定，建筑工程施工现场的消防安全由施工单位负责。实行施工总承包的，由总承包单位负责。分包单位向总承包单位负责，服从总承包单位对施工现场的消防安全管理。对建筑物进行局部改建、扩建和装修的工程，建设单位应当与施工单位在订立的合同中明确各方对施工现场的消防安全责任。

（9）《机关、团体、企业、事业单位消防安全管理规定》（公安部第 61 号令）第十四条规定，消防安全重点单位及其消防安全责任人、消防安全管理人应当报当地消防机构备案。

（10）《消防控制室通用技术要求》（GB 25506—2010）第 4.2.1 条规定，消防控制室管理应符合下列要求：

1）应实行每日 24 h 专人值班制度，每班不应少于 2 人，值班人员应持有消防控制室操作职业资格证书；

2）消防设施日常维护管理应符合 GB 25201 的要求；

3）应确保火灾自动报警系统、灭火系统和其他联动控制设备处于正常工作状态，不得将应处于自动状态的设在手动状态；

4）应确保高位消防水箱、消防水池、气压水罐等消防储水设施水量充足，确保消防泵出水管阀门、自动喷水灭火系统管道上的阀门常开，确保消防水泵、防烟排烟风机、防火卷帘等消防用电设备的配电柜启动开关处于自动位置（通电状态）。

（11）《消防控制室通用技术要求》（GB 25506—2010）第 4.2.2 条规定，消防控制室的值班应急程序应符合下列要求：

1）接到火灾警报后，值班人员应立即以最快方式确认；

2）火灾确认后，值班人员应立即确认火灾报警联动控制开关处于自动状态，同时拨打“119”报警，报警时应说明着火单位地点、起火部位、着火物种类、火势大小、报警人姓名和联系电话；

3）值班人员应立即启动单位内部应急疏散和灭火预案，并同时报告单位负责人。

【考点三】消防管理工作职能部门【★★★】

（1）《中华人民共和国消防法》第三十六条规定，县级以上地方人民政府应当按照国家规定建立专业消防力量、专职消防队，并按照国家标准配备消防装备，承担火灾扑救工作。乡镇人民政府应当根据当地经济发展和消防工作的需要，建立专职消防队、志愿消防队，承担火灾扑救工作。

（2）《中华人民共和国消防法》第三十九条规定，下列单位应当建立单位专职消防队，承担本单位的火灾扑救工作：

1）大型核设施单位、大型发电厂、民用机场、主要港口；

2）生产、储存易燃易爆危险品的大型企业；

3）储备可燃的重要物资的大型仓库、基地；

4）第一项、第二项、第三项规定以外的火灾危险性较大、距离专业消防力量较远的其他大型企业；

5）距离专业消防力量较远、被列为全国重点文物保护单位的古建筑群的管理单位。

（3）《中华人民共和国消防法》第四十一条规定，机关、团体、企业、事业等单位以及村民委员会、居民委员会根据需要，建立志愿消防队等多种形式的消防组织，开展群众性自防自救工作。

（4）《机关、团体、企业、事业单位消防安全管理规定》（公安部第61号令）第十五条规定，消防安全重点单位应当设置或者确定消防工作的归口管理职能部门，并确定专职或者兼职的消防管理人员；其他单位应当确定专职或者兼职消防管理人员，可以确定消防工作的归口管理职能部门。归口管理职能部门和专兼职消防管理人员在消防安全责任人或者消防安全管理人的领导下开展消防安全管理工作。

【考点四】消防行政许可【★★】

（1）《机关、团体、企业、事业单位消防安全管理规定》（公安部第61号令）第十六条规定，公众聚集场所应当在具备下列消防安全条件后，向当地消防机构申报进行消防安全检查，经检查合格后方可开业使用：

1）依法办理建筑工作消防设计审核手续，并经消防验收合格；

2）建立健全消防安全组织，消防安全责任明确；

3）建立消防安全管理制度和保障消防安全的操作规程；

4）员工经过消防安全培训；

5）建筑消防设施齐全、完好有效；

6）制定灭火和应急疏散预案。

（2）《机关、团体、企业、事业单位消防安全管理规定》（公安部第61号令）第十七条规定，举办集会、焰火晚会、灯会等具有火灾危险的大型活动，主办或者承办单位应当在具备消防安全条件后，向消防机构申报对活动现场进行消防安全检查，经检查合格后方可举办。

【考点五】消防安全制度【★★★★】

《机关、团体、企业、事业单位消防安全管理规定》（公安部第61号令）第十八条规定，单位应当按照国家有关规定，结合本单位的特点，建立健全各项消防安全制度和保障消防安全的操作规程，并公布执行。单位消防安全制度主要包括以下内容：消防安全教育、培训，防火巡查、检查，安全疏散设施管理，消防（控制室）值班，消防设施、器材维护管理，火灾隐患整改，用火、用电安全管理，易燃易爆危险物品和场所防火防爆，专职和志愿消防队的组织管理，灭火和应急疏散预案演练，燃气和电气设备的检查和管理（包括防雷、防静电），消防安全工作考评和奖惩，其他必要的消防安全内容。

【考点六】防火检查、巡查制度【★★★】

（1）《机关、团体、企业、事业单位消防安全管理规定》（公安部第61号令）第二十五条规定，消防安全重点单位应当进行每日防火巡查，并确定巡查的人员、内容、部位和频次。其他单位可以根据需要组织防火巡查。巡查的内容应当包括：

1）用火、用电有无违章情况；

2）安全出口、疏散通道是否畅通，安全疏散指示标志、应急照明是否完好；

3）消防设施、器材和消防安全标志是否在位、完整；

4）常闭式防火门是否处于关闭状态，防火卷帘下是否堆放物品影响使用；

5）消防安全重点部位的人员在岗情况；

6）其他消防安全情况。

公众聚集场所在营业期间的防火巡查应当至少每2 h一次；营业结束时应当对营业现场进行检查，消除遗留火种。医院、养老院、寄宿制的学校、托儿所、幼儿园应当加强夜间防火巡查，其他消防安全重点单位可以结合实际组织夜间防火巡查。

防火巡查人员应当及时纠正违章行为，妥善处置火灾危险，无法当场处置的，应当立即报告。发现初起火灾应当立即报警并及时扑救。

防火巡查应当填写巡查记录，巡查人员及其主管人员应当在巡查记录上签名。

（2）《机关、团体、企业、事业单位消防安全管理规定》（公安部第61号令）第二十六条规定，机关、团体、事业单位应当至少每季度进行一次防火检查，其他单位应当至少每月进行一次防火检查。检查的内容应当包括：

1）火灾隐患的整改情况以及防范措施的落实情况；

2）安全疏散通道、疏散指示标志、应急照明和安全出口情况；

3）消防车通道、消防水源情况；

4）灭火器材配置及有效情况；

5）用火、用电有无违章情况；

6）重点工种人员以及其他员工消防知识的掌握情况；

7）消防安全重点部位的管理情况；

8）易燃易爆危险物品和场所防火防爆措施的落实情况以及其他重要物资的防火安全情况；

9）消防（控制室）值班情况和设施运行、记录情况；

10）防火巡查情况；

11）消防安全标志的设置情况和完好、有效情况；

12）其他需要检查的内容。

防火检查应当填写检查记录。检查人员和被检查部门负责人应当在检查记录上签名。

（3）《机关、团体、企业、事业单位消防安全管理规定》（公安部第61号令）第二十七条规定，单位应当按照建筑消防设施检查维修保养有关规定的要求，对建筑消防设施的完好有效情况进行检查和维修保养。

（4）《机关、团体、企业、事业单位消防安全管理规定》（公安部第61号令）第二十八条规定，设有自动消防设施的单位，应当按照有关规定定期对其自动消防设施进行全面检查测试，并出具检测报告，存档备查。

（5）《机关、团体、企业、事业单位消防安全管理规定》（公安部第61号令）第二十九条规定，单位应当按照有关规定定期对灭火器进行维护保养和维修检查。对灭火器应当建立档案资料，记明配置类型、数量、设置位置、检查维修单位（人员）、更换药剂的时间等有关情况。

【考点七】消防安全宣传教育与培训【★★★★★】

（1）《机关、团体、企业、事业单位消防安全管理规定》（公安部第61号令）第三十六条规定，单位应当通过多种形式开展经常性的消防安全宣传教育。消防安全重点单位对每名员工应当至少每年进行一次消防安全培训。宣传教育和培训内容应当包括：

1）有关消防法规、消防安全制度和保障消防安全的操作规程；

2）本单位、本岗位的火灾危险性和防火措施；

3）有关消防设施的性能、灭火器材的使用方法；

4）报火警、扑救初起火灾以及自救逃生的知识和技能。

公众聚集场所对员工的消防安全培训应当至少每半年进行一次，培训的内容还应当包括组织、引导在场群众疏散的知识和技能。单位应当组织新上岗和进入新岗位的员工进行上岗前的消防安全培训。

（2）《机关、团体、企业、事业单位消防安全管理规定》（公安部第61号令）第三十七条规定，公众聚集场所在营业、活动期间，应当通过张贴图画、广播、闭路电视等向公众宣传防火、灭火、疏散逃生等常识。学校、幼儿园应当通过寓教于乐等多种形式对学生和幼儿进行消防安全常识教育。

（3）《机关、团体、企业、事业单位消防安全管理规定》（公安部第61号令）第三十八条规定，下列人员应当接受消防安全专门培训：

1）单位的消防安全责任人、消防安全管理人；

2）专、兼职消防管理人员；

3）消防控制室的值班、操作人员；

4）其他依照规定应当接受消防安全专门培训的人员。

【考点八】重大火灾隐患的判定【★★】

（1）《重大火灾隐患判定方法》（GB 35181—2017）第5.1.3条规定，下列情形不应判定为重大火灾隐患：

1）依法进行了消防设计专家评审，并已采取相应技术措施的；

2）单位、场所已停产停业或停止使用的；

3）不足以导致重大、特别重大火灾事故或严重社会影响的。

（2）《重大火灾隐患判定方法》（GB 35181—2017）第5.2.2条规定，符合第六章任意一条直接判定要素的，应直接判定为重大火灾隐患。

（3）《重大火灾隐患判定方法》（GB 35181—2017）第六章规定，直接判定要素包括：

1）生产、储存和装卸易燃易爆危险品的工厂、仓库和专用车站、码头、储罐区，未设置在城市的边缘或相对独立的安全地带。

2）生产、储存、经营易燃易爆危险品的场所与人员密集场所、居住场所设置在同一建筑物内，或与人员密集场所、居住场所的防火间距小于国家工程建设消防技术标准规定值的75%。

3）城市建成区内的加油站、天然气或液化石油气加气站、加油加气合建站的储量达到或超过GB 50156对一级站的规定。

4）甲、乙类生产场所和仓库设置在建筑的地下室或半地下室。

5）公共娱乐场所、商店、地下人员密集场所的安全出口数量不足或其总净宽度小于国家工程建设消防技术标准规定值的80%。

6）旅馆、公共娱乐场所、商店、地下人员密集场所未按国家工程建设消防技术标准的规定设置自动喷水灭火系统或火灾自动报警系统。

7）易燃可燃液体、可燃气体储罐（区）未按国家工程建设消防技术标准的规定设置固定灭火、冷却、可燃气体浓度报警、火灾报警设施。

8）在人员密集场所违反消防安全规定使用、储存或销售易燃易爆危险品。

9）托儿所、幼儿园的儿童用房以及老年人活动场所，所在楼层位置不符合国家工程建设消防技术标准的规定。

10）人员密集场所的居住场所采用彩钢夹芯板搭建，且彩钢夹芯板芯材的燃烧性能等级低于 GB 8624 规定的 A 级。

【考点九】火灾隐患整改【★★★★★】

（1）《机关、团体、企业、事业单位消防安全管理规定》（公安部第 61 号令）第三十一条规定，对下列违反消防安全规定的行为，单位应当责成有关人员当场改正并督促落实：

1）违章进入生产、储存易燃易爆危险物品场所的；

2）违章使用明火作业或者在具有火灾、爆炸危险的场所吸烟、使用明火等违反禁令的；

3）将安全出口上锁、遮挡，或者占用、堆放物品影响疏散通道畅通的；

4）消火栓、灭火器材被遮挡影响使用或者被挪作他用的；

5）常闭式防火门处于开启状态，防火卷帘下堆放物品影响使用的；

6）消防设施管理、值班人员和防火巡查人员脱岗的；

7）违章关闭消防设施、切断消防电源的；

8）其他可以当场改正的行为。

违反前款规定的情况以及改正情况应当有记录并存档备查。

（2）《机关、团体、企业、事业单位消防安全管理规定》（公安部第 61 号令）第三十二条规定，对不能当场改正的火灾隐患，消防工作归口管理职能部门或者专兼职消防管理人员应当根据本单位的管理分工，及时将存在的火灾隐患向单位的消防安全管理人或者消防安全责任人报告，提出整改方案。消防安全管理人或者消防安全责任人应当确定整改的措施、期限以及负责整改的部门、人员，并落实整改资金。在火灾隐患未消除之前，单位应当落实防范措施，保障消防安全。不能确保消防安全，随时可能引发火灾或者一旦发生火灾将严重危及人身安全的，应当将危险部位停产停业整改。

（3）《机关、团体、企业、事业单位消防安全管理规定》（公安部第 61 号令）第三十三条规定，火灾隐患整改完毕，负责整改的部门或者人员应当将整改情况记录报送消防安全责任人或者消防安全管理人签字确认后存档备查。

（4）《机关、团体、企业、事业单位消防安全管理规定》（公安部第 61 号令）第三十四条规定，对于涉及城市规划布局而不能自身解决的重大火灾隐患，以及机关、团体、事业单位确无能力解决的重大火灾隐患，单位应当提出解决方案并及时向其上级主管部门或者当地人民政府报告。

（5）《机关、团体、企业、事业单位消防安全管理规定》（公安部第 61 号令）第三十五条规定，对消防机构责令限期改正的火灾隐患，单位应当在规定的期限内改正并写出火灾隐患整改复函，报送消防机构。

【考点十】消防档案【★★★★】

（1）《机关、团体、企业、事业单位消防安全管理规定》（公安部第61号令）第四十一条规定，消防安全重点单位应当建立健全消防档案。消防档案应当包括消防安全基本情况和消防安全管理情况。消防档案应当详实，全面反映单位消防工作的基本情况，并附有必要的图表，根据情况变化及时更新。单位应当对消防档案统一保管、备查。

（2）《机关、团体、企业、事业单位消防安全管理规定》（公安部第61号令）第四十二条规定，消防安全基本情况应当包括以下内容：

1）单位基本概况和消防安全重点部位情况；

2）建筑物或者场所施工、使用或者开业前的消防设计审核、消防验收以及消防安全检查的文件、资料；

3）消防管理组织机构和各级消防安全责任人；

4）消防安全制度；

5）消防设施、灭火器材情况；

6）专职消防队、志愿消防队人员及其消防装备配备情况；

7）与消防安全有关的重点工种人员情况；

8）新增消防产品、防火材料的合格证明材料；

9）灭火和应急疏散预案。

（3）《机关、团体、企业、事业单位消防安全管理规定》（公安部第61号令）第四十三条规定，消防安全管理情况应当包括以下内容：

1）消防机构填发的各种法律文书；

2）消防设施定期检查记录、自动消防设施全面检查测试的报告以及维修保养的记录；

3）火灾隐患及其整改情况记录；

4）防火检查、巡查记录；

5）有关燃气、电气设备检测（包括防雷、防静电）等记录资料；

6）消防安全培训记录；

7）灭火和应急疏散预案的演练记录；

8）火灾情况记录；

9）消防奖惩情况记录。

前款规定中的第2）、3）、4）、5）项记录，应当记明检查的人员、时间、部位内容、发现的火灾隐患以及处理措施等；第6）项记录，应当记明培训的时间、参加人员、内容等；第7）项记录，应当记明演练的时间、地点、内容、参加部门以及人员等。

（4）《机关、团体、企业、事业单位消防安全管理规定》（公安部第61号令）第四十四条规定，其他单位应当将本单位的基本概况、消防机构填发的各种法律文书、与消防工作有关的材料和记录等统一保管备查。

【考点十一】奖惩【★★★】

（1）《机关、团体、企业、事业单位消防安全管理规定》（公安部第61号令）第四十五条规定，单位应当将消防安全工作纳入内部检查、考核、评比内容。对在消防安全工作中成绩突出的部门（班组）和个人，单位应当给予表彰奖励。对未依法履行消防安全职责或者违反单位消防安全制度的行为，应当依照有关规定对责任人员给予行政纪律处分或者其他处理。

（2）《机关、团体、企业、事业单位消防安全管理规定》（公安部第61号令）第四十六条规定，违反本规定，依法应当给予行政处罚的，依照有关法律、法规予以处罚；构成犯罪的，依法追究刑事责任。

第二章　应急预案编制与演练

【考点一】应急预案编制的内容【★★★★】

《机关、团体、企业、事业单位消防安全管理规定》（公安部第 61 号令）第三十九条规定，消防安全重点单位制定的灭火和应急疏散预案应当包括下列内容：

（1）组织机构，包括：灭火行动组、通讯联络组、疏散引导组、安全防护救护组；

（2）报警和接警处置程序；

（3）应急疏散的组织程序和措施；

（4）扑救初起火灾的程序和措施；

（5）通讯联络、安全防护救护的程序和措施。

【考点二】应急预案演练【★★】

《机关、团体、企业、事业单位消防安全管理规定》（公安部第 61 号令）第四十条规定，消防安全重点单位应当按照灭火和应急疏散预案，至少每半年进行一次演练，并结合实际，不断完善预案。其他单位应当结合本单位实际，参照制定相应的应急方案，至少每年组织一次演练。消防演练时，应当设置明显标识并事先告知演练范围内的人员。

第三章　施工现场消防安全管理

【考点一】防火间距【★★】

（1）《建设工程施工现场消防安全技术规范》（GB 50720—2011）第3.2.1条规定，易燃易爆危险品库房与在建工程的防火间距不应小于15 m，可燃材料堆场及其加工场、固定动火作业场与在建工程的防火间距不应小于10 m，其他临时用房、临时设施与在建工程的防火间距不应小于6 m。

（2）《建设工程施工现场消防安全技术规范》（GB 50720—2011）第3.2.2条规定，施工现场主要临时用房、临时设施的防火间距不应小于表2—3—3—1的规定，当办公用房、宿舍成组布置时，其防火间距可适当减小，但应符合以下规定：

1）每组临时用房的栋数不应超过10栋，组与组之间的防火间距不应小于8 m。

2）组内临时用房之间的防火间距不应小于3.5 m；当建筑构件燃烧性能等级为A级时，其防火间距可减少到3 m。

表2—3—3—1　　施工现场主要临时用房、临时设施的防火间距　　（单位：m）

间距 名称 / 名称	办公用房、宿舍	发电机房、变配电房	可燃材料库房	厨房操作间、锅炉房	可燃材料堆场及其加工场	固定动火作业场	易燃易爆危险品库房
办公用房、宿舍	4	4	5	5	7	7	10
发电机房、变配电房	4	4	5	5	7	7	10
可燃材料库房	5	5	5	5	7	7	10
厨房操作间、锅炉房	5	5	5	5	7	1	10
可燃材料堆场及加工场	7	7	7	7	7	10	10
固定动火作业场	7	7	7	7	10	10	12
易燃易爆危险品库房	10	10	10	10	10	12	12

注1. 临时用房、临时设施的防火间距应按临时用房外墙外边线或堆场、作业场、作业棚边线间的最小距离计算，如果临时用房外墙有突出可燃构件时，应从其突出可燃构件的外缘算起。

2. 两座临时用房相邻较高一面的外墙为防火墙时，其防火间距不限。

3. 本表未规定的，可按同等火灾危险性的临时用房、临时设施的防火间距确定。

【考点二】临时消防车道和消防救援场地【★★】

（1）《建设工程施工现场消防安全技术规范》（GB 50720—2011）第3.3.1条规定，施工现场内应设置临时消防车道，临时消防车道与在建工程、临时用房、可燃材料堆场及其加工场距离不宜小于 5 m，且不宜大于 40 m；施工现场周边道路满足消防车通行及灭火救援要求时，施工现场内可不设置临时消防车道。

（2）《建设工程施工现场消防安全技术规范》（GB 50720—2011）第 3.3.2 条规定，临时消防车道的设置应符合下列规定：

1）临时消防车道宜为环形，如果设置环形车道确有困难，应在施工现场设置尺寸不小于 12 m × 12 m 的回车场。

2）临时消防车道的净宽度和净空高度均不应小于 4 m。

3）临时消防车道的右侧应设置消防车行进路线指示标识。

4）临时消防车道路基、路面及其下部设施应能承受消防车通行压力及工作荷载。

（3）《建设工程施工现场消防安全技术规范》（GB 50720—2011）第 3.3.3 条规定，下列建筑应设置环形临时消防车道，设置环形临时消防车道确有困难时，除应按本规范 3.3.2 条的规定设置回车场外，尚应按本规范第 3.3.4 条的规定设置临时消防救援场地：

1）建筑高度大于 24 m 的在建工程；

2）建筑工程单体占地面积大于 3 000 m^2 的在建工程；

3）超过 10 栋，且成组布置临时用房。

（4）《建设工程施工现场消防安全技术规范》（GB 50720—2011）第 3.3.4 条规定，临时消防救援场地的设置应符合下列规定：

1）临时消防救援场地应在在建工程装饰装修阶段设置。

2）临时消防救援场地应设置在在建工程或成组布置的临时用房的长边一侧。

3）临时消防救援场地的宽度应满足消防车正常操作要求且不小于 6 m，与在建工程外脚手架的净距不宜小于 2 m，且不宜超过 6 m。

【考点三】建筑防火【★★】

（一）临时用房

（1）《建设工程施工现场消防安全技术规范》（GB 50720—2011）第 4.2.1 条规定，宿舍、办公用房的防火设计应符合下列规定：

1）建筑构件的燃烧性能等级应为 A 级，当采用金属夹芯板材时，其芯材的燃烧性能等级应为 A 级。

2）层数不应超过 3 层，每层建筑面积不应大于 300 m^2。

3）层数为 3 层或每层建筑面积大于 200 m^2 时，应至少设置 2 部疏散楼梯，房间疏散门至疏散楼梯的最大距离不应大于 25 m。

4）单面布置用房时，疏散走道的净宽度不应小于 1 米；双面布置用房时，疏散走道的净宽度不应小于 1.5 米。

5）疏散楼梯的净宽度不应小于疏散走道的净宽度。

6）宿舍房间的建筑面积不应大于 30 m^2，其他房间的建筑面积不宜大于 100 m^2。

7）房间内任一点至最近疏散门的距离不应大于 15 米，房门的净宽度不应小于 0.8 米；房间超过 50 m^2 时，房门净宽度不应小于 1.2 米。

8）隔墙应从楼地面基层隔断至顶板基层底面。

（2）《建设工程施工现场消防安全技术规范》（GB 50720—2011）第4.2.2条规定，发电机房、变配电房、厨房操作间、锅炉房、可燃材料库房和易燃易爆危险品库房的防火设计应符合下列规定：

1）建筑构件的燃烧性能等级应为A级。

2）层数应为1层，建筑面积不应大于200 m^2。

3）可燃材料库房单个房间的建筑面积不应超过30 m^2，易燃易爆危险品库房单个房间的建筑面积不应超过20 m^2。

4）房间内任一点至最近疏散门的距离不应大于10 m，房门的净宽度不应小于0.8 m。

（3）《建设工程施工现场消防安全技术规范》（GB 50720—2011）第4.2.3条规定，其他防火设计应符合下列规定：

1）宿舍、办公用房不应与厨房操作间、锅炉房、变配电房等组合建造。

2）会议室、娱乐室等人员密集房间应设置在临时用房的一层，其疏散门应向疏散方向开启。

（二）在建工程

《建设工程施工现场消防安全技术规范》（GB 50720—2011）第4.3.3条规定，既有建筑进行扩建、改建施工时，必须明确划分施工区和非施工区。施工区不得营业、使用和居住；非施工区继续营业、使用和居住时，应符合下列规定：

（1）施工区和非施工区之间应采用不开设门、窗、洞口的耐火极限不低于3.0 h的不燃烧体隔墙进行防火分隔。

（2）非施工区内的消防设施应完好和有效，疏散通道应保持畅通，并应落实日常值班及消防安全管理制度。

（3）施工区的消防安全应配有专人值守，发生火情应能立即处置。

（4）施工单位应向居住和使用者进行消防宣传教育，告知建筑消防设施、疏散通道位置及使用方法，同时应组织疏散演练。

（5）外脚手架搭设长度不应超过该建筑物外立面周长的1/2。

【考点四】临时消防设施【★★】

（一）一般规定

（1）施工现场应设置灭火器、临时消防给水系统和临时消防应急照明等临时消防设施。

（2）临时消防设施的设置应与在建工程的施工保持同步。对于房屋建筑工程，临时消防设施的设置与在建工程主体结构施工进度的差距不应超过3层。

（3）施工现场的消火栓泵应采用专用消防配电线路。专用配电线路应自施工现场总配电箱的总断路器上端接入，并应保持连续不间断供电。

（二）灭火器

《建设工程施工现场消防安全技术规范》（GB 50720—2011）第5.2.1条规定，在建工程及临时用房的下列场所应配置灭火器：

（1）易燃易爆危险品存放及使用场所；

（2）动火作业场所；

（3）可燃材料存放、加工及使用场所；

（4）厨房操作间、锅炉房、发电机房、变配电房、设备用房、办公用房、宿舍等临时用房；

（5）其他具有火灾危险的场所。

（三）临时消防给水系统

《建设工程施工现场消防安全技术规范》（GB 50720—2011）第 5.3.4 条规定，临时用房建筑面积之和大于 1 000 m^2 或在建工程（单体）体积大于 10 000 m^3 时，应设置临时室外消防给水系统。当施工现场处于市政消火栓的 150 m 保护范围内，且市政消火栓的数量满足室外消防用水量要求时，可不设置临时室外消防给水系统。

（四）应急照明

《建设工程施工现场消防安全技术规范》（GB 50720—2011）第 5.4.1 条规定，施工现场的下列场所应配备临时应急照明：

（1）自备发电机房及变、配电房；

（2）水泵房；

（3）无天然采光的作业场所及疏散通道；

（4）高度超过 100 m 的在建工程的室内疏散通道；

（5）发生火灾时仍需坚持工作的其他场所。

【考点五】防火管理【★★★★】

（一）一般规定

（1）《建设工程施工现场消防安全技术规范》（GB 50720—2011）第 6.1.1 条规定，施工现场的消防安全由施工单位负责。实行施工总承包的，应由总承包单位负责。分包单位向总承包单位负责，并应服从总承包单位的管理，同时应承担国家法律、法规规定的消防责任和义务。

（2）《建设工程施工现场消防安全技术规范》（GB 50720—2011）第 6.1.4 条规定，施工单位应针对施工现场可能导致火灾发生的施工作业及其他活动，制定消防安全管理制度。消防安全管理制度主要包括以下内容：

1）消防安全教育与培训制度；

2）可燃及易燃易爆危险品管理制度；

3）用火用电用气管理制度；

4）消防安全检查制度；

5）应急预案演练制度。

（3）《建设工程施工现场消防安全技术规范》（GB 50720—2011）第 6.1.6 条规定，施工单位应编制施工现场灭火及应急疏散预案。灭火及应急疏散预案应包括下列主要内容：

1）应急灭火处置机构及各级人员应急处置职责；

2）报警、接警处置的程序和通讯联络的方式；

3）扑救初起火灾的程序和措施；

4）应急疏散及救援的程序和措施。

（4）《建设工程施工现场消防安全技术规范》（GB 50720—2011）第 6.1.7 条规定，施工人员进场时，施工现场的消防安全管理人员应向施工人员进行消防安全教育和培训。消防安全教育和培训应包括下列内容：

1）施工现场消防安全管理制度、防火技术方案、灭火及应急疏散预案；

2）施工现场临时消防设施的性能及使用、维护方法；

3）扑灭初起火灾及自救逃生的知识和技能。

4）报警、接警的程序和方法。

（5）《建设工程施工现场消防安全技术规范》（GB 50720—2011）第6.1.9条规定，施工过程中，施工现场消防安全负责人应定期组织消防安全管理人员对施工现场的消防安全进行检查。消防安全检查应包括下列主要内容：

1）可燃物、易燃易爆危险品的管理是否落实；

2）动火作业的防火措施是否落实；

3）用火、用电、用气是否存在违章操作，电气焊及保温防水施工是否执行操作规程；

4）临时消防设施是否完好有效；

5）临时消防车道及临时疏散通道是否畅通。

（6）《建设工程施工现场消防安全技术规范》（GB 50720—2011）第6.1.10条规定，施工单位应根据消防安全应急预案，定期开展灭火和应急疏散的演练。

（7）《建设工程施工现场消防安全技术规范》（GB 50720—2011）第6.1.11条规定，施工单位应做好并保存施工现场防火安全管理的相关文件和记录，建立现场防火安全管理档案。

（二）可燃物及易燃易爆危险品管理

（1）《建设工程施工现场消防安全技术规范》（GB 50720—2011）第6.2.1条规定，用于在建工程的保温、防水、装饰及防腐等材料的燃烧性能等级应符合要求。

（2）《建设工程施工现场消防安全技术规范》（G B50720—2011）第6.2.3条规定，室内使用油漆及其有机溶剂、乙二胺、冷底子油等易挥发产生易燃气体的物资作业时，应保持室内良好通风，作业场所严禁明火，并应避免产生静电。

（三）用火管理

《建设工程施工现场消防安全技术规范》（GB 50720—2011）第6.3.1条规定，施工现场用火应符合下列规定：

（1）动火作业应办理动火许可证。动火许可证的签发人收到动火申请后，应前往现场查验并确认动火作业的防火措施落实后，再签发动火许可证。

（2）动火操作人员应具有相应资格。

（3）焊接、切割、烘烤或加热等动火作业前，应对作业现场的可燃物进行清理；作业现场及其附近无法移走的可燃物应采用不燃材料覆盖或隔离。

（4）施工作业安排时，宜将动火作业安排在使用可燃建筑材料施工作业之前进行。确需在可燃建筑材料施工作业之后进行动火作业的，应采取可靠的防火保护措施。

（5）裸露的可燃材料上严禁直接进行动火作业。

（6）焊接、切割、烘烤或加热等动火作业应配备灭火器材，并应设置动火监护人进行现场监护，每个动火作业点均应设置1个监护人。

（7）五级（含五级）以上风力时，应停止焊接、切割等室外动火作业，确需动火作业时，应采取可靠的挡风措施；

（8）动火作业后，应对现场进行检查，并应在确认无火灾危险后，动火操作人员再离开。

（9）具有火灾、爆炸危险的场所严禁明火。

（10）施工现场不应采用明火取暖。

（11）厨房操作间炉灶使用完毕后，应将炉火熄灭，排油烟机及油烟管道应定期清理油垢。

第三部分　模考实战

第一单元 模 考 试 题

第一题

某寒冷地区公共建筑，地下3层，地上37层，建筑高度169 m，总建筑面积121 000 m^2，按照国家标准设置相应的消防设施。

该建筑室内消火栓系统采用消防水泵串联分区供水形式，分高、低区两个分区。消防水泵房和消防水池位于地下一层，设置低区消火栓泵2台（1用1备）和高区消火栓转输泵2台（1用1备）。中间消防水泵房和转输水箱位于地上17层，设置高区消火栓加压泵2台（1用1备），高区消火栓加压泵控制柜与消防水泵布置在同一房间。屋顶设置高位消防水箱和稳压泵等稳压装置。低区消火栓由中间转输水箱和低区消火栓泵供水，高区消火栓由屋顶消防水箱和高区消火栓转输泵、高区消火栓加压泵联锁启动供水。

室外消防用水由市政给水管网供水。室内消火栓和自动喷水灭火系统用水由消防水池保证。室内消火栓系统的设计流量为40 L/s，自动喷水灭火系统的设计流量为40 L/s。

维保单位对该建筑室内消火栓系统进行检查，情况如下：

（1）在地下消防水泵房对消防水池有效容积、水位、供水管等情况进行了检查。

（2）在地下消防水泵房打开低区消火栓泵试验阀，低区消火栓泵没有启动。

（3）屋顶室内消火栓系统稳压装置气压水罐有效容积为120 L；无法直接识别稳压泵出水管阀门的开闭情况，深入细查发现阀门处于关闭状态，稳压泵控制柜电源未接通，当场排除故障。

（4）检查屋顶消防水箱，发现水箱内水的表面有结冰；水箱进水管管径为*DN*25 mm，出水管管径为*DN*75 mm。询问消防控制室消防水箱水位情况，控制室值班人员回答无法查看。

（5）在屋顶打开试验消火栓，放水3 min后测量消火栓栓口的动压，测量值为0.21 MPa，消防水枪充实水柱测量值为12 m。询问消防控制室有关消防水泵和稳压泵的情况，控制室值班人员回答不清楚。

根据以上材料，回答下列问题（共18分，每题2分。每题的备选项中，有2个或者2个以上符合题意，至少有1个错项。错选，本题不得分；少选，所选的每项得0.5分）：

1. 关于该建筑消防水池，下列说法正确的有（　　）。

A. 不考虑补水时，消防水池的有效容积不应小于432 m^3

B. 消防控制室应能显示消防水池正常水位

C. 消防水池玻璃水位计两端的角阀应常开

D. 应设置就地水位显示装置

E. 消防控制室应能显示消防水池高水位、低水位报警信号

2. 低区消火栓泵没有启动的主要原因有（　　）。

A. 消防水泵控制柜处于手动启泵状态
B. 消防联动控制器处于自动启泵状态
C. 消防联动控制器处于手动启泵状态
D. 消防水泵的控制线路故障
E. 消防水泵的电源处于关闭状态
3. 关于该建筑屋顶消火栓稳压装置，下列说法正确的有（　　）。
A. 气压水罐有效储水容积符合规范要求
B. 出水管阀门应常开并锁定
C. 气压水罐有效储水容积不符合规范要求
D. 出水管应设置明杆闸阀
E. 稳压泵控制柜平时应处于停止启泵状态
4. 关于该建筑屋顶消防水箱，下列说法正确的有（　　）。
A. 应采取防冻措施
B. 进水管管径符合规范要求
C. 出水管管径符合规范要求
D. 消防控制室应能显示消防水箱高水位、低水位报警信号
E. 消防控制室应能显示消防水箱正常水位
5. 关于屋顶试验消火栓检测，下列说法正确的有（　　）。
A. 栓口动压符合规范要求
B. 消防控制室应能显示高区消火栓加压泵的运行状态
C. 检查人员应到消防水泵房确认高区消火栓加压泵启动情况
D. 消防控制室应能显示屋顶消火栓稳压泵运行状态
E. 消防水枪充实水柱符合规范要求
6. 关于该建筑中间转输水箱及屋顶消防水箱的有效储水容积，下列说法正确的有（　　）。
A. 中间转输水箱有效储水容积不应小于 36 m^3
B. 屋顶消防水箱有效储水容积不应小于 50 m^3
C. 中间转输水箱有效储水容积不应小于 60 m^3
D. 屋顶消防水箱有效储水容积不应小于 36 m^3
E. 屋顶消防水箱有效储水容积不应小于 100 m^3
7. 关于该建筑高区消火栓加压泵，下列说法正确的是（　　）。
A. 应有自动停泵的控制功能
B. 消防控制室应能手动远程启动该泵
C. 流量不应小于 40 L/s
D. 从接到启泵信号到水泵正常运转的自动启动时间不应大于 5 min
E. 应能机械应急启动
8. 关于该建筑高区消火栓加压泵控制柜，下列说法错误的有（　　）。
A. 机械应急启动时，应确保消防水泵在报警后 5 min 内正常工作
B. 应采取防止被水淹没的措施
C. 防护等级不应低于 IP30

D. 应具有自动巡检可调、显示巡检状态和信号功能

E. 控制柜对话界面应有英汉双语语言

9. 关于该建筑室内消火栓系统维护管理，下列说法正确的有（　　）。

A. 每季度应对消防水池、消防水箱的水位进行一次检查

B. 每月应手动启动消防水泵运转一次

C. 每月应模拟消防水泵自动控制的条件自动启动消防水泵运转一次

D. 每月应对控制阀门铅封、锁链进行一次检查

E. 每周应对稳压泵的停泵启泵压力和启泵次数等进行检查，并记录运行情况

第二题

某购物中心地上 6 层、地下 3 层，总建筑面积 126 000 m^2，建筑高度 35.0 m。地上一至五层为商场，六层为餐饮。地下一层为超市、汽车库，地下二层为发电机房、消防水泵房、空调机房、排烟风机房等设备用房和汽车库，地下三层为汽车库。

2017 年 6 月 5 日，当地消防机构对该购物中心进行消防监督检查。该购物中心消防安全管理人首先汇报了自己履职情况，主要内容有：①拟订年度消防工作计划，组织实施日常消防安全管理工作；②组织制订消防安全制度和保障消防安全的操作规程并检查监督促其落实；③组织实施防火检查工作；④组织实施单位消防设施、灭火器材和消防安全标志的维护保养，确保其完好有效；⑤组织管理志愿消防队；⑥在员工中组织开展消防知识、技能的宣传教育和培训，组织灭火和应急疏散预案的实施和演练。

然后，检查组对该购物中心消防安全管理档案进行了检查，其中包括：消防安全教育、培训，防火检查、巡查，灭火和应急疏散预案演练，消防控制室值班，用火用电管理，易燃易爆危险物品和场所防火防爆，志愿消防队的组织管理，燃气和电气设备的检查和管理及消防安全考评和奖惩等消防安全管理制度。检查组还对 2017 年的消防教育培训的计划和内容进行检查，根据资料该单位消防培训的内容有消防法规、消防安全制度和保障消防安全的操作规程，本单位的火灾危险性和防火措施，灭火器材的使用方法，报火警和扑救初起火灾的知识和技能等。

最后，检查组对该购物中心进行了实地检查。在检查中发现：个别防火卷帘无法手动起降或防火卷帘下堆放商品；个别消火栓被遮挡；部分疏散指示标志损坏；少数灭火器压力不足；承租方正在对三层部分商场（约 6 000 m^2）进行重新装修并拟改为儿童游乐场所，未向当地消防机构申请消防设计审核。在检查消防控制室时，消防监督员对消防控制室的值班人员现场提问："接到火灾警报后，你如何处置？"值班员回答："接到火灾警报后，通过对讲机通知安全巡查人员携带灭火器到达现场核实火情，确认发生火灾后，立即将火灾报警联动控制开关转换为自动状态，启动消防应急广播，同时拨打保安经理电话，保安经理同意后拨打'119'报警。报警时说清明火灾地点、起火部位、着火物种类和火势大小，留下姓名和联系电话，报警后到路口迎接消防车。"

根据以上材料，回答下列问题（共 18 分，每题 2 分。每题的备选项中，有 2 个或者 2 个以上符合题意，至少有一个错项。错选，本题不得分；少选，所选的每项得 0.5 分）：

1. 根据《机关、团体、企业、事业单位消防安全管理规定》（公安部令第 61 号），消防安全管理人还应当实施和组织落实的消防安全管理工作有（　　）。

A. 确定逐级消防安全责任

B. 确保疏散通道和安全出口畅通

C. 拟订消防安全工作的资金投入和组织保障方案

D. 组织实施火灾隐患整改工作

E. 招聘消防控制室值班人员

2. 根据《机关、团体、企业、事业单位消防安全管理规定》(公安部令第 61 号)，该购物中心还应制定（　　）。

A. 安保组织制度

B. 安全疏散设备管理制度

C. 火灾隐患整改制度

D. 安全生产例会制度

E. 消防设施、器材维护管理制度

3. 根据《机关、团体、企业、事业单位消防安全管理规定》(公安部令第 61 号)，该购物中心应确定为消防安全重点部位的有（　　）。

A. 空调机房

B. 消防控制室

C. 汽车库

D. 发电机房

E. 消防水泵房

4. 根据《机关、团体、企业、事业单位消防安全管理规定》(公安部令第 61 号)，该购物中心消防档案中必须存放有（　　）。

A. 灭火和应急疏散预案

B. 灭火和应急疏散预案的演练记录

C. 消防控制室值班人员的消防控制室操作职业资格证书

D. 消防设施的设计图

E. 消防安全培训记录

5. 下列人员中，可以作为该购物中心志愿消防队员成员的有（　　）。

A. 该单位的消防安全责任人

B. 该单位的消防安全管理人

C. 该单位的营业员

D. 维保公司维保该单位消防设施的技术人员

E. 该单位的保安员

6. 根据《机关、团体、企业、事业单位消防安全管理规定》(公安部令第 61 号)，该购物中心的演练记录除了记明演练时间和参加部门外，还应当记明演练的（　　）。

A. 经费

B. 地点

C. 内容

D. 灭火器型号和数量

E. 参加人员

7. 根据《机关、团体、企业、事业单位消防安全管理规定》(公安部令第 61 号)，2017 年该购物中心的消防宣传教育和培训内容还应有（　　）。

A. 消防控制室值班人员操作职业资格

B. 有关现行国家消防技术标准

C. 该消防设施的性能

D. 自救逃生的知识和技能

E. 组织、引导在场群众疏散的知识和技能

8. 检查中发现的下列火灾隐患，根据《机关、团体、企业、事业单位消防安全管理规定》（公安部令第 61 号），应当责成当场改正的有（　　）。

A. 防火卷帘无法手动起降

B. 防火卷帘下堆放商品

C. 消火栓被遮挡

D. 疏散指示标志损坏

E. 灭火器压力不足

9. 对承租方将部分商场改为儿童游乐场所的行为，根据《中华人民共和国消防法》，消防机构应责令停止施工并处罚款，罚款额度符合规定的有（　　）。

A. 一万元以上五万元以下

B. 二万元以上十万元以下

C. 三万元以上十五万元以下

D. 四万元以上二十万元以下

E. 五万元以上四十万元以下

第三题

消防技术服务机构受托对某地区银行办公的综合楼进行消防设施的专项检查。该综合楼火灾自动报警系统采用双电源供电，双电源切换控制箱安装在一层低压配电室。考虑到系统供电的可靠性，在供电回路上设置剩余电流电气火灾探测器，实现电流故障动作保护和过负载保护。火灾报警控制器显示 12 只感烟探测器被屏蔽（洗衣房 2 只，其他楼层 10 只），1 只防火阀模块故障。

对火灾自动报警系统进行调试，过程如下：切断控制器与备用电源之间的连接，控制器无异常显示；恢复控制器与备用电源之间的连接，切断火灾报警控制器的主电源，控制器自动切换到备用电源工作，显示主电故障；测试 8 只感烟探测器，6 只正常报警，2 只不报警，试验过程中控制器出现重启现象，继续试验报警功能，控制器关机，无法重新启动；恢复控制器主电源，控制器启动并正常工作；使探测器底座上的总线接线端子短路，控制器上显示该探测器所在回路总线故障；触发满足防烟排烟系统启动条件的报警信号，消防联动控制器发出了同时启动 5 个排烟阀和 5 个送风阀的控制信号，控制器显示了 3 个排烟阀和 5 个送风阀的开启反馈信号，相对应的排烟机和送风机正常启动并在联动控制器上显示启动反馈信号。

银行数据中心机房设置了 IG541 气体灭火系统，以组合分配方式设置 A、B、C 三个气体灭火防护区。断开气体灭火控制器与各防护区气体灭火驱动装置的连接线，进行联动控制功能试验，过程如下：

按下 A 防护区门外设置的气体灭火控制器手动启动按钮，A 防护区内的光警报器启动，然后按下气体灭火控制器手动停止按钮，测量气体灭火控制器启动输出端电压，一直为 0 V。

按下 B 防护区内的 1 只火灾手动报警按钮，测量气体灭火控制器启动输出端电压，25 s 后

电压为 24 V。

测试 C 防护区，按下气体灭火控制器上的启动按钮，再按下气体灭火控制器上的停止按钮，测量气体灭火控制器启动输出端电压，25 s 后电压为 24 V。

据了解，消防维保单位进行系统试验过程中不慎碰坏了两段驱动气体管道，维保人员直接更换了损坏的驱动气体管道并填写了维修更换记录。

根据以上材料，回答下列问题（共 20 分）：

1. 根据检查测试情况指出消防供电及火灾报警系统中存在的问题。

2. 导致排烟阀未反馈开启信号的原因是什么？

3. 三个气体灭火防护区的气体灭火联动控制功能是否正常？为什么？

4. 维保人员对配电室气体灭火系统驱动气体管道维修的做法是否正确？为什么？

第四题

某高层建筑，设计建筑高度为 68 m，总建筑面积为 91 200 m^2。标准层的建筑面积为 2 176 m^2，每层划分为 1 个防火分区；一至二层为上、下连通的大堂，三层设置会议室和多功能厅，四层以上用于办公；建筑的耐火等级设计为二级，其楼板、梁和柱的耐火极限分别为 1.00 h、2.00 h 和 3.00 h。高层主体建筑附建了 3 层裙房，并采用防火墙及甲级防火门与高层主体建筑进行分隔；高层主体建筑和裙房的下部设置了3层地下室。

高层主体建筑设置了1部消防电梯，从首层大堂直通至顶层，消防电梯的前室在首层和三层采用防火卷帘和乙级防火门与其他区域分隔，在其他各层均采用乙级防火门和防火墙进行分隔。

高层建筑内的办公室均为半开敞办公室，最大一间办公室的建筑面积为98 m^2，办公室的最多使用人数为10人，人数最多的一层为196人，办公室内的最大疏散距离为23 m，直通疏散走道的房间门至最近疏散楼梯间前室入口的最大直线距离为18 m，且房间门均向办公室内开启，不影响疏散走道的使用。核心筒内设置了1座防烟剪刀楼梯间用于高层主体建筑的人员疏散，楼梯梯段以及从楼层进入疏散楼梯间前室和楼梯间的门的净宽度均为1.10 m，核心筒周围采用环形走道与办公区分开，走道隔墙的耐火极限为2.00 h，高层主体建筑的三层增设了2座直通地面的防烟楼梯间。

裙房的一至二层为商店，三层为展览厅，首层的建筑面积为8 100 m^2，划分为1个防火分区；二、三层的建筑面积均为7 640 m^2，分别划分为2个建筑面积不大于4 000 m^2的防火分区；一至三层设置了一个上、下连通的中庭，除首层采用符合要求的防火卷帘分隔外，二、三层的中庭与周围连通空间的防火分隔为耐火极限为1.5 h的非隔热性防火玻璃墙。

高层建筑地下一层设置餐饮、超市和设备室，地下二层为人防工程和汽车库、消防水泵房、消防水池、燃油锅炉房、变配电室（干式）等，地下三层为汽车库。地下各层均按标准要求划分了防火分区。其中，人防工程区的建筑面积为3 310 m^2，设置了歌厅、洗浴桑拿房、健身用房及影院，并划分为歌厅、洗浴桑拿与健身、影院三个防火分区，建筑面积分别为820 m^2、1 110 m^2和1 380 m^2。

该高层建筑的室内消火栓箱内按要求配置了水带、水枪和灭火器。该高层主体建筑及裙房的消防应急照明的备用电源可连续保障供电60 min，消防水泵、消防电梯等建筑物内的全部消防用电设备的供电均能在这些设备所在防火分区的配电箱处自动切换。

该高层建筑防火设计的其他事项均符合国家标准。

根据上述材料，回答下列问题（共24分）：

1. 指出该高层建筑在结构耐火方面的问题，并给出正确做法。

2. 指出该高层建筑在平面布置方面的问题，并给出正确做法。

3. 指出该高层建筑在防火分区与防火分隔方面的问题，并给出正确做法。

4. 指出该高层建筑在安全疏散方面的问题，并给出正确做法。

5. 指出该高层建筑在灭火救援设施方面的问题，并给出正确做法。

6. 指出该高层建筑在消防设施与消防电源方面的问题，并给出正确做法。

第五题

某公共建筑地下 2 层、地上 40 层，建筑高度 137 m，总面积 116 000 m^2，设有相应的消防设施。

地下二层设有消防水泵房和 540 m^3 的室内消防水池，屋顶设置有效容积为 40 m^3 的高位消防水箱，其最低有效水位为 141.000 m，屋顶水箱间内分别设置消火栓系统和自动喷水灭火系统的稳压装置。

消防水泵房分别设置 2 台（1 用 1 备）消火栓给水泵和自动喷水给水泵。室内消火栓系统和自动喷水灭火系统均分为高、中、低三个分区，中、低区由减压阀减压供水。

地下二层自动喷水灭火系统报警阀室集中设置 8 个湿式报警阀组，在此 8 个报警阀组前安装了 1 个比例式减压阀组，减压阀组前无过滤器。

2017 年 6 月，维保单位对该建筑室内消火栓系统和自动喷水灭火系统进行了检测，情况如下：

（1）检查40层屋顶试验消火栓时，其栓口静压为0.1 MPa；打开试验消火栓放水，消火栓给水泵自动启动，栓口压力为0.65 MPa。

（2）检查发现，地下室8个湿式报警阀组前的减压阀不定期出现超压现象。

（3）检查自动喷水灭火系统，打开40层末端试水装置，水流指示器报警，报警阀组的水力警铃未报警；消防控制室未收到压力开关动作信号，5 min内未接收到自动喷水给水泵启动信号。

根据以上材料，回答问题（共20分）：

1. 简析高位消防水箱有效容积是否符合消防规范规定。

2. 屋顶试验消火栓静压和动压是否符合要求？如不符合要求，应如何解决？

3. 简述针对该消火栓系统的检测方案。

4. 简述地下室湿式报警阀组前安装的减压阀组存在的问题及解决方法。

5. 指出40层末端试水装置放水时，报警阀组的水力警铃，压力开关未动作的原因。

第六题

某框架架构仓库，地上6层、地下1层，层高3.8 m，占地面积6 000 m^2，地上每层建筑面积均为5 600 m^2。仓库各建筑构件均为不燃性构件，其耐火极限见下表。

构件名称	防火墙	承重墙、柱	楼梯间、电梯井的墙	梁	疏散走道两侧的隔墙、楼板、上人屋面板、屋顶承重构件、疏散楼梯	非承重外墙
耐火极限（h）	4.00	2.50	2.00	1.50	1.00	0.25

仓库一层储存桶装润滑油；二层储存水泥刨花板；三至六层储存皮毛制品；地下室储存玻璃制品，每件玻璃制品重100 kg，其木质包装重20 kg。

该仓库地下室建筑面积为1 000 m^2。一层内靠西侧外墙设置建筑面积为300 m^2的办公室、休息室和员工宿舍，这些房间与库房之间设置一条走道，且直通室外。走道与库房之间采用防火隔墙和楼板分隔，其耐火极限分别为2.50 h和1.00 h。走道通向仓库的门采用双向弹簧门。

仓库内的每个防火分区分别设置2个安全出口，两个安全出口之间距离12 m，疏散楼梯间采用封闭楼梯间，通向疏散走道或楼梯间的门采用能阻挡烟气侵入的双向弹簧门。该建筑的消防设施和其他事项符合国家消防标准要求。

根据以上材料回答下列问题（共20分）：

1. 判断该仓库的耐火等级。

2. 确定该仓库及其各层的火灾危险性分类。

3. 指出该仓库在层数、面积和平面布置中存在的不符合国家标准的问题，并给出解决方法。

4. 该仓库各层至少应划分几个防火分区？

5. 指出该建筑在安全疏散方面存在的问题，并提出整改措施。

6. 拟在地下室东侧设置一个 25 m^2 的甲醇桶装仓库，甲醇仓库与其他部位之间采用耐火极限不低于 4.00 h 的防爆墙分隔，防爆墙上设置防爆门，并设置一部直通室外的疏散楼梯，这种做法是否可行？此时，该地下室的火灾危险性应划分为哪一类？

第二单元　参考答案与解析

第一题

1.【参考答案】BDE

【解析】高层建筑中的商业楼、展览楼、综合楼，建筑高度大于 50 m 的财贸金融楼、图书馆、书库、重要的档案楼、科研楼和高级宾馆的消火栓系统火灾延续时间为 3 h，其他公共建筑为 2 h。该公共建筑无法判断火灾延续时间，假设消火栓系统火灾延续时间为 3 h，依据《自动喷水灭火系统设计规范》（GB 50084—2017）第 5.0.16 条的规定，自动喷水灭火系统的持续喷水时间应按火灾延续时间不小于 1 h 确定，则室内消火栓系统和自动喷水灭火系统一起灭火时的用水量为：$V=V_1+V_2=3.6\times40\times3+3.6\times40\times1=576\ m^3>432\ m^3$，故选项 A 错误。消防水池应设置就地水位显示装置，并应在消防控制中心或值班室等地点设置显示消防水池水位的装置，同时应有最高和最低水位报警信号，故选项 B、D、E 正确。依据《消防给水及消火栓系统技术规范》（GB50974—2014）第 14.0.3 条的规定，消防水池（箱）玻璃水位计两端的角阀在不进行水位观察时应关闭，故选项 C 错误。

2.【参考答案】ADE

【解析】消防水泵控制柜处于手动启泵状态、消防水泵控制线路故障、消防水泵电源关闭均是低区消火栓泵没有启动的主要原因，故选项 A、D、E 正确。依据《火灾自动报警系统设计规范》（GB50116—2013）第 4.3.1 条的规定，消火栓使用时，系统内出水干管上的低压压力开关、高位消防水箱出水管上设置的流量开关或报警阀压力开关等均有相应的反应，这些信号可以作为触发信号，直接控制启动消火栓泵，可以不受消防联动控制器处于自动或手动状态影响，故选项 B、C 不是低区消火栓泵没有启动的主要原因。

3.【参考答案】CD

【解析】气压水罐有效储水容积不应小于 150 L，本题为 120 L，故选项 A 错误，选项 C 正确。气压水罐压力降低到启泵压力时需要启动稳压泵，故选项 E 错误。依据《消防给水及消火栓系统技术规范》（GB50974—2014）第 5.2.4 条的规定，当高位消防水箱在屋顶露天设置时，水箱的人孔以及进出水管的阀门等应采取锁具或阀门箱等保护措施。本题无“露天”字眼，故出水管阀门无锁定的要求，选项 B 不正确。消防水泵的出水管上应设止回阀、明杆闸阀；当采用蝶阀时，应带有自锁装置，故选项 D 正确。

4.【参考答案】ADE

【解析】《消防给水及消火栓系统技术规范》（GB50974—2014）第 5.2.5 条规定，高位消防水箱间应通风良好，不应结冰，当必须设置在严寒、寒冷等冬季结冰地区的非采暖房间时，应采取防冻措施，环境温度或水温不应低于 5℃。本题屋顶消防水箱表面有结冰，应采取防冻措施，故选项 A 正确。进水管的管径不应小于 *DN*32 mm，本题为 *DN*25 mm，故选项 B 错误。出水管的管径不应小于 *DN*100 mm，本题为 *DN*75 mm，故选项 C 错误。应在消防控制中心或值班室等地点设置显示消防水池水位的装置，同时应有最高和最低水位报警信号。故选项 D、E 正确。

5.【参考答案】BCD

【解析】高层建筑消火栓栓口动压不应小于 0.35 MPa，且消防水枪充实水柱应按 13 m 计算，而本题的消火栓栓口动压仅为 0.21 MPa，消防水枪充实水柱仅为 12 m，不符合要求，故选项 A、E 错误。其他选项都正确。

6.【参考答案】CE

【解析】当采用消防水泵转输水箱串联时，转输水箱的有效储水容积不应小于 60 m^3，故选项 C 正确。一类高层公共建筑，高位消防水箱的有效储水容积不应小于 36 m^3，但当建筑高度大于 100 m 时，高位消防水箱的有效储水容积不应小于 50 m^3，当建筑高度大于 150 m 时，高位消防水箱的有效储水容积不应小于 100 m^3，故选项 E 正确。

7.【参考答案】BCE

【解析】消防水泵应能手动启停和自动启动，且应确保从接到启泵信号到水泵正常运转的自动启动时间不应大于 2 min。消防水泵不应设置自动停泵的控制功能，停泵应由具有管理权限的工作人员根据火灾扑救情况确定，故选项 A、D 错误，选项 B 正确。依据《消防安全技术实务（2018 年版）》表 3—2—7 建筑物室内消火栓设计流量，选项 C 正确。消防水泵控制柜应设置机械应急启泵功能，并应保证在控制柜内的控制线路发生故障时，由具有管理权限的人员在紧急时启动消防水泵。机械应急启动时，应确保消防水泵在报警后 5 min 内正常工作，故选项 E 正确。

8.【参考答案】CE

【解析】消防水泵控制柜应设置机械应急启泵功能，并应保证在控制柜内的控制线路发生故障时，由具有管理权限的人员在紧急时启动消防水泵。机械应急启动时，应确保消防水泵在报警后 5 min 内正常工作。消防水泵控制柜应采取防止被水淹没的措施。消防水泵控制柜与消防水泵设置在同一空间时，其防护等级不应低于 IP55。消防水泵控制柜应具有自动巡检可调、显示巡检状态和信号灯功能，且对话界面应有汉语语言，图标应便于识别和操作。

9.【参考答案】BD

【解析】《消防给水及消火栓系统技术规范》（GB50974—2014）第 14.0.3.4 条规定，每月应对消防水池、高位消防水池、高位消防水箱等消防水源设施的水位等进行一次检测，故选项 A 错误；第 14.0.4.1 条规定，每月应手动启动消防水泵运转一次，并应检查供电电源的情况，故选项 B 正确；第 14.0.4.2 条规定，每周应模拟消防水泵自动控制的条件自动启动消防水泵运转一次，故选项 C 错误；第 14.0.6.3 条规定，每月应对铅封、锁链进行一次检查，当有破坏或损坏时应及时修理更换，故选项 D 正确；第 14.0.4.3 条规定，每日应对稳压泵的停泵启泵压力和启泵次数等进行检查和记录运行情况，故选项 E 错误。

第二题

1.【参考答案】BCD

【解析】消防安全管理人的消防安全职责包括：①拟订年度消防工作计划，组织实施日常消防安全管理工作。②组织制订消防安全制度和保障消防安全的操作规程并检查督促其落实。③拟订消防安全工作的资金投入和组织保障方案。④组织实施防火检查和火灾隐患整改工作。

⑤组织实施对本单位消防设施、灭火器材和消防安全标志的维护保养，确保其完好有效，确保疏散通道和安全出口畅通。⑥组织管理专职消防队和志愿消防队。⑦在员工中组织开展消防知识、技能的宣传教育和培训，组织灭火和应急疏散预案的实施和演练。⑧单位消防安全责任人委托的其他消防安全管理工作。另外，消防安全管理人应当定期向消防安全责任人报告消防安全情况，及时报告涉及消防安全的重大问题。

2.【参考答案】BCE

【解析】单位的消防安全制度主要包括：消防安全责任制，消防安全教育、培训，防火巡查、检查，安全疏散设施管理，消防（控制室）值班，消防设施、器材维护管理，火灾隐患整改，用火、用电安全管理，易燃易爆危险品和场所防火防爆管理，专职（志愿）消防队的组织管理，灭火和应急疏散预案演练，燃气和电气设备的检查和管理（包括防雷、防静电），消防安全工作考评和奖惩等制度。

3.【参考答案】BCDE

【解析】确定消防安全重点部位不仅要根据火灾危险源的辨识来确定，还应根据本单位的实际，即物品储存的多少、价值的大小、人员的集中量以及隐患的存在和火灾的危险程度等情况而定，通常从以下几个方面来考虑：①容易发生火灾的部位，如汽车库等；②发生火灾后对消防安全有重大影响的部位，如与火灾扑救密切相关的变配电室、消防控制室、消防水泵房等。③性质重要、发生事故影响全局的部位，如发电站、变配电站（室）等。④财产集中的部位。⑤人员集中的部位。

4.【参考答案】ABCE

【解析】消防档案包括两方面的内容，即消防安全基本情况和消防安全管理情况，并附有必要的图表。消防安全基本情况的内容有：单位基本概况和消防安全重点部位情况，建筑物或者场所施工、使用或者开业前的消防设计审核、消防验收以及消防安全检查的文件、资料，消防安全管理组织机构和各级消防安全责任人，消防安全制度，消防设施、灭火器材情况，专职消防队、志愿消防队人员及其消防装备配备情况，与消防安全有关的重点工种人员情况，新增消防产品、防火材料的合格证明材料，灭火和应急疏散预案。消防安全管理情况主要有两项内容：一是消防机构依法填写制作的各类法律文书，主要有消防监督检查记录表、责令改正通知书以及涉及消防行政处罚的有关法律文书。二是有关工作记录，主要有：①消防设施定期检查记录、自动消防设施检查检测报告以及维修保养的记录；②火灾隐患及其整改情况记录；③防火检测、巡查记录；④有关燃气、电气设备检测等记录；⑤消防安全培训记录；⑥灭火和应急疏散预案的演练记录；⑦火灾情况记录；⑧消防奖惩情况记录。上述①～④项记录要填写检查人员的姓名、时间、部位、内容、发现的火灾隐患以及处理措施等；第⑤项记录应填写培训的时间、参加人员、内容等；第⑥项记录应填写演练的时间、地点、内容、参加部门以及人员等。非消防安全重点单位可以不建立消防档案，但也应将本单位的基本情况、消防机构填写的各种法律文书、与消防工作有关的材料和记录等统一保管、备查。

5.【参考答案】CE

【解析】志愿消防队员是单位员工，定期组织训练、考核和应急疏散演练，是发生火灾时单位主要灭火力量。

6.【参考答案】BCE

【解析】依据《机关、团体、企业、事业单位消防安全管理规定》（公安部令第61号）第四十三条的规定，消防安全管理情况中灭火和应急疏散预案的演练记录，应当记明演练的时间、地点、内容、参加部门以及人员等。

7.【参考答案】CDE

【解析】依据《机关、团体、企业、事业单位消防安全管理规定》（公安部令第61号）第三十六条的规定，单位应当通过多种形式开展经常性的消防安全宣传教育，消防安全重点单位对每名员工应当至少每年进行一次消防安全培训。宣传教育和培训内容应当包括：①有关消防法规、消防安全制度和保障消防安全的操作规程；②本单位、本岗位的火灾危险性和防火措施；③有关消防设施的性能、灭火器材的使用方法；④报火警、扑救初起火灾以及自救逃生的知识和技能。公众聚集场所对员工的消防安全培训应当至少每半年进行一次，培训的内容还应当包括组织、引导在场群众疏散的知识和技能。单位应当组织新上岗和进入新岗位的员工进行上岗前的消防安全培训。

8.【参考答案】BC

【解析】《机关、团体、企业、事业单位消防安全管理规定》（公安部令第61号）第三十一条规定，对下列违反消防安全规定的行为，单位应当责成有关人员当场改正并督促落实：①违章进入生产、储存易燃易爆危险物品场所的；②违章使用明火作业或者在具有火灾、爆炸危险的场所吸烟、使用明火等违反禁令的；③将安全出口上锁、遮挡，或者占用、堆放物品影响疏散通道畅通的；④消火栓、灭火器材被遮挡影响使用或者被挪作他用的；⑤常闭式防火门处于开启状态，防火卷帘下堆放物品影响使用的；⑥消防设施管理、值班人员和防火巡查人员脱岗的；⑦违章关闭消防设施、切断消防电源的；⑧其他可以当场改正的行为。

9.【参考答案】CD

【解析】依法应当经消防机构进行消防设计审核的建设工程，未经依法审核或者审核不合格，擅自施工的，责令停止施工，并处3万元以上30万元以下罚款。

第三题

1.【参考答案】

（1）双电源切换控制箱安装在一层低压配电室存在问题。除消防水泵、消防电梯、防烟排烟风机等消防用电设备外，各防火分区的其他消防用电设备应由消防电源中的双电源或双回线路电源供电，末端配电箱要设置双电源自动切换装置，并将配电箱安装在所在防火分区内，再由末端配电箱配出引至相应的消防设备。

（2）在供电回路上设置剩余电流电气火灾探测器，实现电流故障动作保护和过负载保护存在问题。消防负荷的配电线路不能设置剩余电流动作保护和过、欠电压保护，因为在火灾这种特殊情况下，不管消防线路和消防电源处于什么状态或出现什么故障，为消防设备供电是最重要的。

（3）火灾报警控制器显示12只感烟探测器被屏蔽（洗衣房2只，其他楼层10只），1只防火阀模块故障存在问题。不应对探测器和故障模块进行屏蔽，有故障或误报警应及时维修保养。

（4）切断控制器与备用电源之间的连接，控制器无异常显示存在问题。控制器应显示主、备用电源的情况，断开主电源，应能发出声提示信号，声信号应能手动消除；接通主电源，应急电源应恢复到主电工作状态。

（5）测试8只感烟探测器，6只正常报警，2只不报警，试验过程中控制器出现重启现象，继续试验报警功能，控制器关机，无法重新启动存在问题。这说明备用电源容量不足，备用电源至少应保证设备工作 8 h。

（6）消防联动控制器发出了同时启动 5 个排烟阀和 5 个送风阀的控制信号，控制器显示了 3 个排烟阀和 5 个送风阀的开启反馈信号存在问题。

2.【参考答案】

（1）排烟阀与输入模块之间线路故障。

（2）排烟阀控制模块故障。

（3）排烟阀锈蚀或者电磁铁线圈出现了故障。

3.【参考答案】

（1）A 防护区正常。因为按下气体灭火控制器手动启动按钮时执行相应的联动，按下气体灭火控制器手动停止按钮时，气体灭火控制器应停止正在执行的联动操作，此时电压为 0 V。

（2）B 防护区不正常。因为触发气体灭火系统联动启动的信号可以为两只探测器，或一只手动报警按钮加一只探测器。测量气体灭火控制器输出端电压，25 s 后电压为 24 V，说明仅一只手动报警按钮就启动，不符合规范要求。

（3）C 防护区不正常。按照规范要求，按下气体灭火控制器手动停止按钮后，应停止倒计时，系统不应再启动。而测试 C 防护区时，25 s 后气体灭火控制器启动输出端电压为 24 V，不符合规范要求。

4.【参考答案】

不正确。气动驱动装置的管道安装后，要进行强度试验和气压严密性试验。

第四题

1.【参考答案】

（1）该建筑的耐火等级设计为二级，存在问题。正确做法：该建筑高度为 68 m，属于一类高层公共建筑，耐火等级设计应为一级。

（2）楼板的耐火极限为 1.00 h，存在问题。正确做法：当建筑的耐火等级为一级时，楼板的耐火极限应为 1.5 h。

2.【参考答案】

（1）歌厅、洗浴桑拿房设置在地下二层，存在问题。正确做法：设置在地下一层且地下一层地面与室外出入口地坪高差不应大于 10 m 或不设置。

（2）燃油锅炉房设置在地下二层，存在问题。正确做法：燃油锅炉房不设置在人员密集场所上一层、下一层或贴邻，应设置在首层或地下一层的靠外墙部位，或者把燃油锅炉房明确为常（负）压燃油锅炉房。

3.【参考答案】

（1）裙房首层的建筑面积为 8 100 m^2 的商店划分为一个防火分区，存在问题。正确做法：划分为每个防火分区建筑面积不大于 5 000 m^2 的多个防火分区。

（2）人防工程区的洗浴桑拿与健身、影院防火分区面积分别为 1 110 m^2 和 1 380 m^2，存在问题。正确做法：划分为每个防火分区建筑面积不大于 1 000 m^2 的多个防火分区。

（3）裙房二、三层的中庭与周围连通空间的防火分隔为耐火极限为 1.5 h 的非隔热性防火玻璃墙，存在问题。正确做法：采用耐火隔热性和耐火完整性均不低于 1.00 h 的隔热性防火玻璃墙或者增加自动喷水灭火系统保护非隔热性防火玻璃墙。

（4）高层主体的消防电梯的前室在首层和三层采用防火卷帘和乙级防火门与其他区域分隔，存在问题。正确做法：采用乙级防火门和符合规范要求的防火隔墙与其他区域分隔。

4.【参考答案】

（1）核心筒内设置了 1 座防烟剪刀楼梯间用于高层主体建筑的人员疏散，直通疏散走道的房间门至最近疏散楼梯间前室入口的最大直线距离 18 m，存在问题。正确做法：改成两座防烟楼梯间或者缩小直通疏散走道的房间门至最近疏散楼梯间前室入口的直线距离为不大于 10 m。

（2）楼梯梯段以及从楼层进入疏散楼梯间前室和楼梯间的门的净宽度为 1.10 m，存在问题。正确做法：把楼梯梯段以及从楼层进入疏散楼梯间前室和楼梯间的门的净宽度调整为不小于 1.20 m。

5.【参考答案】

（1）高层主体建筑设置了 1 部消防电梯，从首层大堂直通至顶层，未通至地下楼层，存在问题。正确做法：把此消防电梯从地下三层一直通至顶层，并层层停靠。

（2）地下室未设置消防电梯，存在问题。正确做法：地下室增设消防电梯，并满足每个防火分区不少于 1 部。

6.【参考答案】

（1）室内消火栓箱内按要求配置了水带、水枪和灭火器，未设置消防软管卷盘或轻便消防水龙，存在问题。正确做法：增设消防软管卷盘或轻便消防水龙。

（2）消防水泵、消防电梯等建筑物内的全部消防用电设备的供电均能在这些设备所在防火分区的配电箱处自动切换，存在问题。正确做法：应在消防水泵控制柜间和电梯机房内最末一级配电箱处设置自动切换。

第五题

1.【参考答案】

不符合消防规范规定。一类高层公共建筑当建筑高度大于 100 m 时，高位消防水箱有效容积不应小于 50 m^3。

2.【参考答案】

不符合要求。

（1）屋顶消火栓静压为 0.1 MPa，但建筑高度超过 100 m 时，高层建筑最不利点消火栓静水压力不应低于 0.15 MPa，故需设增压设施。

（2）试验消火栓栓口压力为 0.65 MPa，但消火栓栓口出水压力不应大于 0.5 MPa，故需设减压装置。

3.【参考答案】

室内消火栓应符合下列规定：

（1）室内消火栓的选型、规格应符合设计要求。

（2）同一建筑物内设置的消火栓应采用统一规格的栓口、水枪和水带及配件。

（3）试验用消火栓栓口处应设置压力表。

（4）当消火栓设置减压装置时，减压装置应符合设计要求。

（5）室内消火栓应设置明显的永久性固定标志。

4.【参考答案】

存在的问题：①报警阀组前 1 个比例式减压阀组不够，以致不定期出现超压现象。②减压阀组前无过滤器。

正确做法：①过滤器安装在报警水流管路上，其位置在延迟器前，且便于排渣操作。②每一供水分区应设不少于 2 个减压阀，并应满足消防给水的要求，减压阀应根据消防给水设计流量和压力选择。

5.【参考答案】

水力警铃不工作的原因：①产品质量问题或者安装调试不符合要求。②报警阀至水力警铃的管路阻塞或者铃锤机构被卡住。

压力开关不工作的原因：①高压球阀渗漏；②高压球阀未关闭到位；③压力开关未复位；④压力开关损坏。

第六题

1.【参考答案】

依据该仓库构件耐火极限可知该建筑耐火等级为二级。

2.【参考答案】

（1）一层储存桶装润滑油，火灾危险性为丙类 1 项仓库。

（2）二层储存水泥刨花板，火灾危险性为丁类仓库。

（3）三至六层储存毛皮制品，火灾危险性为丙类 2 项仓库。

（4）地下室储存玻璃制品，采用可燃包装但包装物重量占物品重量不大于 1/4，火灾危险性为戊类仓库。

（5）仓库整体按火灾危险性较大的楼层确定，为丙类 1 项仓库。

3.【参考答案】

（1）该仓库属于丙类 1 项，二级耐火，层数为 6 层，存在问题。解决方法：降低该仓库建筑层数至 5 层及以下或改变储存物质种类，改为储存丙类 2 项或丁、戊类物品。

（2）该仓库占地面积 6 000 m^2，超过丙类 1 项多层仓库最大允许占地面积 2 800 m^2，设自动喷水灭火系统可增加一倍 5 600 m^2 的规定，存在问题。解决方法：减少仓库占地面积使其不超过 5 600 m^2 或降低首层储存物品的火灾危险性，改为储存丙类 2 项或丁、戊类物品。

（3）一层内靠西侧外墙设置建筑面积为 300 m^2 的办公室、休息室和员工宿舍，存在问题。解决方法：取消此处设置的员工宿舍。

4.【参考答案】

该仓库火灾危险性按丙类 1 项确定，应设自动灭火系统。丙类 1 项多层仓库每个防火分区最大允许建筑面积为 $700\ m^2 \times 2=1\ 400\ m^2$，地上每层建筑面积均为 5 600 m^2，至少应划分为 4 个建筑面积不大于 1 400 m^2 的防火分区。丙类 1 项地下仓库每个防火分区最大允许建筑面积为 $150\ m^2 \times 2=300\ m^2$，建筑面积为 1 000 m^2，至少应划分为 4 个建筑面积不大于 300 m^2 的防火分区。

5.【参考答案】

（1）疏散楼梯间的门采用双向弹簧门，存在问题。解决办法：将此双向弹簧门调整为向疏散方向开启的乙级防火门。

（2）走道与仓库的门采用双向弹簧门，存在问题。解决办法：将此双向弹簧门调整为乙级防火门。

（3）办公室、休息室和员工宿舍与库房之间设置一条走道，且直通室外，存在问题。解决的办法：应设独立的安全出口。

6.【参考答案】

（1）不可行。地下室不能存放火灾危险性为甲、乙类的物品，甲醇属于甲类。

（2）仓库防火分区的火灾危险性应按火灾危险性最大的物品确定，此时地下室火灾危险性属于甲类。

后　记

注册消防工程师资格考试一直受到全国消防行业及社会各界的广泛关注。为了提高应试人员备考复习的效率，作者编写了考前冲刺系列考试辅导用书，共三册，分别为《消防安全技术实务考前冲刺（2018年版）》《消防安全技术综合能力考前冲刺（2018年版）》《消防安全案例分析考前冲刺（2018年版）》。

《消防安全案例分析考前冲刺（2018年版）》的编写，结合了2018年版教材和国家消防技术标准规范，同时参考了近三年注册消防工程师资格考试题型和难度。全书共分为三个部分。第一部分备考攻略，主要介绍了正向学习、反向学习和模块学习的三种学习方法；统计分析了近三年考试知识点的分值分布情况，从中提炼出各章的复习重点内容以及考点的思维导图；结合注册消防工程师资格考试特点，总结备考经验，分别对单项选择题、多项选择题和主观题的答题技巧进行了翔实介绍。第二部分考点汇集，是本书的核心和精髓，对梳理出的每个考点给出关注度（以★的多少表示）提示，在对每个考点的解读中，既突出考点的条理化，又将考点追源至法律规范的具体条款规定，这是对消防专业知识的总结，更是通关考试的必备。第三部分模考实战，精选一套模拟测试题，逐题给出参考答案和解析，达到模考实战和举一反三的良好效果。

本书第一部分由刘双跃编写。第二部分第一篇、第二篇第七章至第十章、第三篇由赵国程编写；第二篇第一章至第六章由刘俊林编写。第三部分由胡欢编写。刘小芬、刘天琪、张杰、史昕、田晴晴也参与了本书有关的编写工作。韩中华对全书进行了统稿和校对工作。

本书适用于参加注册消防工程师资格考试的人员，特别是缺少复习备考时间或需要迅速提高得分率的应试人员，还可供指导教师及其他消防相关人员使用。

由于作者的知识水平有限，书中难免存在不足之处，恳请广大读者批评指正。

编者

2018年6月